Mariem Brahmi

Etude d'une charte paysagère pour le gouvernorat de la Manouba-Tunisie

Mariem Brahmi

Etude d'une charte paysagère pour le gouvernorat de la Manouba-Tunisie

Etude d'une charte paysagère

Éditions universitaires européennes

Impressum / Mentions légales
Bibliografische Information der Deutschen Nationalbibliothek: Die Deutsche
Nationalbibliothek verzeichnet diese Publikation in der Deutschen
Nationalbibliografie; detaillierte bibliografische Daten sind im Internet über
http://dnb.d-nb.de abrufbar.

Information bibliographique publiée par la Deutsche Nationalbibliothek: La
Deutsche Nationalbibliothek inscrit cette publication à la Deutsche
Nationalbibliografie; des données bibliographiques détaillées sont
disponibles sur internet à l'adresse http://dnb.d-nb.de.

Coverbild / Photo de couverture: www.ingimage.com

Verlag / Editeur:
Éditions universitaires européennes
ist ein Imprint der / est une marque déposée de
OmniScriptum GmbH & Co. KG
Heinrich-Böcking-Str. 6-8, 66121 Saarbrücken, Deutschland / Allemagne
Email: info@editions-ue.com

Herstellung: siehe letzte Seite /
Impression: voir la dernière page
ISBN: 978-613-1-56713-1

Liste des abréviations

BVM : Basse Vallée de La Medjerda

OMVVM : Office de Mise en Valeur de la Vallée de la Medjerda

P.A.U : Plan d'Aménagement Urbain

P.A.D.D : Plan d'Aménagement et de Développement Durable

P.L.U : Plan Local d'Urbanisme

S.D.A : Schémas Directeur d'Aménagement

H.Q.E : Haute Qualité Environnementale

O.T.C : Office de Topographie et Cartographie

Prologue

De plus en plus conscients de l'importance à la fois environnementale, écologique, sociale et paysagère du pays, les acteurs nationaux, régionaux mais aussi locaux ne cessent d'afficher une volonté apparente cherchant à valoriser les paysages quotidiens. Ces espaces ordinaires qui ne semblent pas susciter nos intérêts sont désormais pensés dans les stratégies comme dans les politiques d'aménagement et de planification territoriale. De ce fait, faire du paysage un bien marchand qui s'intègre dans les politiques territoriales est une des préoccupations majeurs des ces acteurs.

La notion du paysage a, bien évidemment, évolué et on parle aujourd'hui du Grand Paysage où le domaine d'intervention du paysagiste peut couvrir tout un territoire dépassant le cadre des opérations ponctuelles comme les parcs et les jardins. Il n'existe en réalité pas de différence entre « le paysage » et le « Grand Paysage » proprement dit « mais plutôt une continuité de l'espace sur l'ensemble des territoires. La différence entre « paysage » et «*Grand Paysage* » n'est en fait qu'une question d'échelle.

Parmi les principaux outils relevant du domaine du Grand Paysage, on cite, à titre d'exemple : l'Atlas des paysages, les plans du paysage, les plans d'actions paysagères, le Plan Paysage, ou encore les Chartes du paysage, comme celles développées dans le cadre du présent travail.

On vise par ce travail récurrent à répondre aux questions suivantes : que peut-on faire de ce paysage, du possible du souhaitable, de ce qui n'est pas encore et ce qui pourrait être... Quelle peut être la contribution du paysage à un projet de développement ?

La charte est donc un projet de devenir du paysage. Tout l'enjeu de cette charte est de rebâtir autour d'un espace transformé par des projets de développement un paysage fort qui le singularise. Selon Pierre Donadieu, la charte paysagère nourrit des ambitions assez proches du plan de paysage, c'est-à-dire rendre compte d'un projet de territoire à vivre et à regarder.

Introduction

Les paysages sont un élément fort de l'attractivité d'un territoire. Ils témoignent de sa vitalité, de sa capacité à se développer dans la qualité tout en valorisant l'expression d'un passé. Travailler sur le paysage, c'est améliorer le cadre de vie des populations qui vivent sur un territoire et c'est mettre en valeur ses atouts pour le visiteur de passage. Mais c'est aussi transmettre un héritage. Il s'agit en effet de prendre conscience de notre responsabilité vis-à-vis des générations futures.

Aujourd'hui, le gouvernorat de La Manouba est confronté à de nouveaux défis en terme de paysage. Des évolutions, qui traduisent la modernisation de notre société et les changements sociologiques actuels (recherche d'un cadre de vie agréable, accession à la propriété), représentent un risque de banalisation pour nos paysages. Ce pays est, en effet, riche de patrimoine, ses plaines, ses reliefs et ses vallées offrent des ambiances paysagères de qualité. Les transformations actuelles sont donc un défi à relever, une occasion d'agir pour la préservation et la valorisation de ces atouts, qui sont également des potentiels pour le développement de notre territoire.

Afin d'accompagner ce développement, dans le respect des paysages et de notre environnement, on a souhaité s'engager dans la réalisation d'une charte paysagère. Cette action, inscrite dans la charte de territoire, va trouver sa concrétisation par l'adoption du présent document et par la mise en œuvre du plan d'actions qui lui est associé. Tout ceci synthétise l'ensemble de la démarche et les réflexions engagées.

Vue les conditions particulières par lesquelles passe notre pays cette année, nous avons rencontré des difficultés pour réaliser la concertation indispensable pour dégager un consensus autour des orientations d'une charte dont la finalité est d'être ratifiée par toutes les parties concernées afin de faciliter l'application de ses recommandations sur le terrain. Aussi, nous nous trouvion contraints de compter sur un travail de terrain pour explorer la réalité paysagère du territoire du gouvernorat de La Manouba. D'un autre côté, nous nous sommes appuyés sur des outils de mise en œuvre de l'aménagement de territoire tels que S.D.A, P.A.U... Qui sont en vigueur pour la prochaine période.

Premier chapitre : la charte paysagère notions et outils

1. Définition de la charte paysagère :

La charte constitue une démarche concertée qui permet de prendre des orientations concernant l'avenir d'un territoire. Elle est un document stratégique largement illustrée (cartes thématiques, photographies, croquis), présente une analyse paysagère du territoire, traitant de ses caractéristiques actuelles, de ses mutations et des perspectives d'avenir au-delà des connaissances et observations qu'elle rassemble.

La charte se veut l'expression synthétique d'un « projet paysager ». Son processus d'élaboration, qui mobilise un riche partenariat d'acteurs locaux, traduit l'émergence d'une politique partagée en matière de paysage.

La charte y est définie comme « *un outil d'aide à la gestion du territoire, établie sur base volontaire en concertation avec les acteurs locaux ... elle [la charte] fixe les objectifs à atteindre, les priorités et les moyens de protection et de valorisation à court, moyen et long termes...* »[1] Les chartes de paysage se concrétisent par la signature et la validation entre différents partenaires (état, collectivités territoriales, établissements publics) d'un certain nombre d'objectifs.

2. Elaboration de la charte paysagère :

« *Concrètement, la charte paysagère est réalisée en deux étapes : la première est la réalisation d'un diagnostic du territoire et des paysages rencontrés sur celui-ci. Au cours de ce travail, les enjeux paysagers sont dégagés. La seconde étape consiste à concrétiser les analyses en élaborant des recommandations* »[2].

L'élaboration d'une charte paysagère s'effectue schématiquement en trois temps et abouti à trois documents de référence complémentaires :

2.1. Le cahier 1 « diagnostic et enjeux » :

Il a pour but de mieux faire connaître les paysages variés du territoire, de comprendre leurs fondements dans ses différentes dimensions, dans ses dynamiques historiques et à faire émerger les problématiques relatives à

---

[1] Marie Françcoise Godart, « le paysage, nouvel acteur du développement territorial».
[2] Cp.citée

6

l'environnement et au paysage. C'est sur la base de cet état des lieux qu'on puisse lors de la deuxième phase de l'étude, définir clairement les enjeux prioritaires inhérents au paysage et à l'environnement et les mutations en cours. Il s'agit également de présenter les enjeux majeurs pour les années qui se suivent dans l'optique de préserver cette qualité patrimoniale tout en s'adaptant aux évolutions des modes de vie.

➥ Le diagnostic paysager :

Le diagnostic dresse un constat et détermine la conduite des actions. Il s'agit d'un diagnostic préalable à l'élaboration de la Charte paysagère fait sous des responsables et des acteurs de l'aménagement sur les pays concernés qui partageaient tous cette préoccupation environnementale et paysagère. Il se déroule en trois temps essentiels :

Dans un premier temps il va falloir rassembler et synthétiser toute une série de données physiques, historiques et géographiques du territoire. Réaliser de nombreuses visites sur sites, effectuer des prises de vues photographiques et des expertises locales. Cette phase fait également l'objet de plusieurs rencontres avec des responsables de l'aménagement ou d'élus, sur le terrain.

Le diagnostic paysager consiste à relever ce que dispose le pays de variété de paysages ainsi de conserver les caractéristiques historiques et paysagères du territoire. Il traite principalement :

- Des milieux naturels riches mais fragiles : corniches, falaises, milieux ordinaires, milieux caussenards, vallées, rivières,
- De la géologie qui constitue le socle du paysage : géologie, relief, hydrographie et unités paysagères,
- Des implantations humaines qui contribuent largement aux transformations du paysages : armature traditionnelle et évolution des villages, bourgs et hameaux, voies de communication, constructions, patrimoine bâti et non bâti, activité agricole, économique touristique et industrielle.

Si le diagnostic nous a aidés à identifier les entités qui constituent le territoire, la phase suivante nous amène à traiter des problématiques paysagères. Celles-ci doivent déterminer un certain nombre d'enjeux environnementaux et paysagers auxquels il faudra répondre.

2.2. Le cahier 2 «le projet paysager» -Orientations :

Le but de cette phase est de construire de la façon la plus partagée le projet paysager du territoire et de présenter les fondements de la stratégie ainsi que les objectifs et les orientations spatiales du projet paysager. Ce projet, associant document contractuel et cartographie, pourra comporter :

> ➤ des orientations générales à l'échelle du territoire intercommunal,
> ➤ des orientations spécifiques à chaque entité paysagère,
> ➤ des orientations thématiques.

Ces orientations sont, dans la mesure du possible, traduites spatialement, afin de définir :

- les vocations de telle ou telle zone (agricole, forestière, habitat, naturelle,…),
- les choix stratégiques liés à un zonage ou à un élément de valeur : protection, valorisation, requalification, aménagement, reconquête.

De ce fait, il vise à :

> ➤ Préserver et valoriser un patrimoine : qui se fait par la préservation des paysages bâtis, des milieux naturels, de transmettre un capital paysager pour maintenir la richesse vernaculaire,
> ➤ Créer ou renforcer l'identité d'un territoire et mettre en valeur les paysages de qualité en identifiant les caractéristiques paysagères,
> ➤ Réaliser des choix adaptés en matière d'aménagement tout en prenant en compte les vocations dominantes des différents espaces pour localiser et déterminer les activités socio-économiques,
> ➤ Construire le paysage de demain pour un développement durable et favoriser la création de nouveaux paysages sur les territoires où le paysage s'est banalisé et détérioré,

➢ Donner de nouveaux atouts au développement d'ailleurs la qualité du paysage est un argument de cadre de vie et de promotion économique,

➢ Favoriser la responsabilité de chacun en faisant du paysage une préoccupation par tous.

2.3. Le cahier 3 « boite à outils » :

Enfin, lors de la troisième phase, les enjeux déjà définis lors de la deuxième phase seront traduits sous la forme de préconisations, de fiche-actions destinées à maîtriser les futures évolutions du pays, à protéger certains paysages et à inventer les paysages de demain.

En effet, il :

✓ Propose des **recommandations** parmi lesquelles on peut citer :

- comment traduire la charte paysagère pluricommunale dans les documents d'urbanisme communaux,
- comment mener une extension en intégrant une qualité paysagère, urbaine et architecturale,
- comment aménager une zone d'activité avec un souci d'intégration paysagère, architecturale et urbaine.

✓ dresse des fiches d'action

- comment monter un projet de valorisation globale,
- comment gérer et empêcher la fermeture des paysages dans les secteurs sensibles,
- comment sauvegarder et valoriser la trame(en cas d'un paysage agraire).

✓ Recense des outils à disposition des élus pour la réalisation concrète du projet paysager et d'autres de l'urbanisme opérationnel[3]et de protection réglementaire.

---

[3] Le document d'urbanisme est un moyen pour les communes d'organiser leur développement et non de le subir. L'élaboration d'un Plan Local d'Urbanisme PLU (PAU en Tunisie) permet aux élus de construire et de traduire

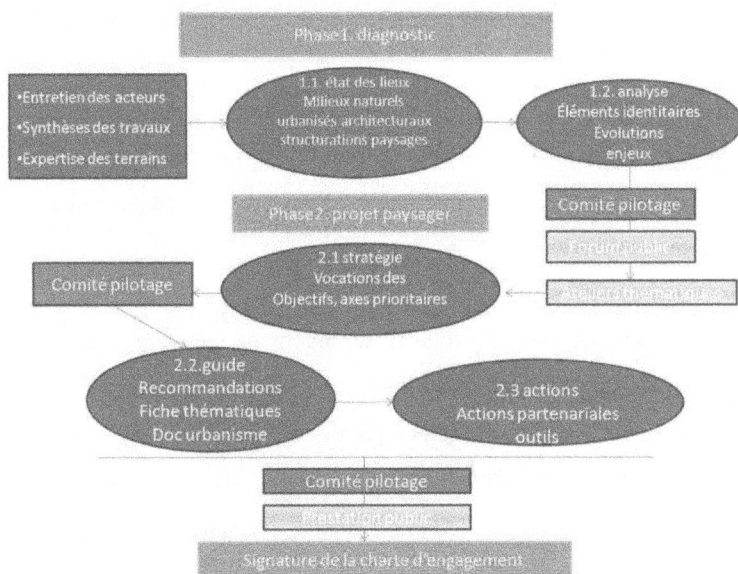

Figure 1.schéma synthétique des étapes d'élaboration de la charte paysagère pluricommunale[4]

3. Rôle de la Charte paysagère :

La volonté de réaliser une Charte paysagère est avant tout le signe d'une prise de conscience commune: celle que le **patrimoine bâti, naturel et paysager** est un levier important pour le développement du territoire. C'est aussi l'expression d'un constat : la qualité du patrimoine et son maintien sont tributaires **d'une politique affirmée et partagée en matière de paysage.**

Si la protection du cadre de vie et le développement durable du territoire sont des orientations globalement consensuelles, aucune prise en compte structurée et concertée du paysage n'était jusqu'à lors engagée en Tunisie. C'est là l'ambition majeure de la charte : **proposer aux acteurs locaux un document commun de**

---

concrètement leur projet pour l'avenir. Il offre l'opportunité d'inscrire dans la durée les orientations de la charte paysagère et de la traduire de manière stratégique dans le PADD (plan d'aménagement de développement durable)et de manière réglementaire dans le règlement et les documents graphiques.

[4] Charte paysagère du pôle d'économie du patrimoine Pierre er bâti paysager Dourdou : Causse, Rougier (janvier 2006)

référence, un guide auquel se reporter pour intégrer les enjeux paysagers dans leurs projets.

Voulue comme une démarche participative, la charte paysagère se construit sur les débats et les échanges qui auraient lieu à l'occasion de plusieurs réunions locales, des ateliers thématiques et d'un forum public, organisés à chaque étape, tout au long de la phase d'élaboration du document stratégique.

❖ Atelier des Paysages :

L'intention de mieux exploiter le thème du paysage pour susciter une réflexion, une prise de conscience sur le devenir du territoire et de révéler l'intérêt de chacun de participer, par des actions concrètes, au projet collectif d'amélioration du cadre de vie : c'est l'idée d'Atelier des Paysages.

L'Atelier des Paysages est une démarche qui fait appel à une large mobilisation sur des territoires ou des groupes de territoires ayant fait l'objet de procédures de chartes architecturales et paysagères et désirant mettre à jour un jeu d'intentions fortes autour du paysage, en associant et en faisant participer la population.

Grâce à l'échange des savoirs, à l'expression des sensibilités, au croisement des regards, l'Atelier des Paysages se propose de contribuer à «accroître la sensibilisation de la société civile, des organisations privées et des autorités publiques à la valeur des paysages, à leur rôle et à leur transformation ».

L'Atelier des Paysages, dont le contenu sera nécessairement adapté aux spécificités et aux enjeux du territoire, doit permettre à la fois d'en améliorer la lecture, de faire exprimer la perception des différents acteurs, mais aussi d'instaurer un lieu de débat et d'échanges sur l'évolution du territoire. [5]

4. Utilité juridique de la Charte paysagère :

Similaire au S.D.A, la Charte paysagère n'est pas opposable au tiers et n'a donc pas de valeur réglementaire. Il s'agit plus d'un document qui « engage » les collectivités qui y ont participé à respecter ses principes et à favoriser les actions qui la mettent en

---

[5] Les chartes paysagères dans le PNR Livradois-Forez, Jean-Luc MONTEIX.

œuvre. Sa vocation est de devenir un document de référence connu et reconnu par tous les acteurs locaux, utilisé pour évaluer et adapter un projet, voire même pour inspirer des initiatives sur le territoire.

Selon l'utilisateur et le projet qu'il porte, différentes parties de la charte seront utilisées. Par exemple, un particulier qui souhaite intégrer une construction dans le contexte paysager local pourra se reporter aux « diagnostic et enjeux » du cahier 1 pour accéder aux informations qu'il recherche.

Un élu qui se questionne sur les outils de protection réglementaire à sa disposition ou sur les éléments d'intégration du projet paysager dans un PAU aura quant à lui recours à la « Boîte à outils » du cahier 3.

5. Les intérêts de la charte :

En ce qui concerne les mesures générales la charte paysagère est essentiellement utilisée dans :

- ➤ **l'intégration du paysage dans les politiques d'aménagement du territoire**, d'urbanisme et dans les politiques culturelles, environnementales agricoles, sociales et économiques, ainsi que dans les autres politiques pouvant avoir un effet direct ou indirect sur le paysage,
- ➤ **La reconnaissance juridique du paysage** en tant que composante essentielle du cadre de vie des populations, expression de la diversité de leur patrimoine commun culturel et naturel, et fondement de leur identité,
- ➤ **La définition et la mise en œuvre des politiques du paysage** visant la protection, la gestion et l'aménagement des paysages par l'adoption des mesures particulières,
- ➤ **La mise en place des procédures de participation du public**, des autorités locales et régionales, et des autres acteurs concernés par la conception et la réalisation des politiques du paysage mentionnées.

Parmi les mesures particulières, on peut souligner d'une part, la sensibilisation : « *Chaque Partie s'engage à accroître la sensibilisation de la société civile, des organisations privées et des autorités publiques à la valeur des paysages, à leur rôle et à leur transformation. »*[6]

D'autre part, chaque partie se charge par l'identification et la qualification de ses paysages en vue d'une meilleure connaissance. Les travaux d'identification et de qualification seront guidés par des échanges d'expériences et de méthodologies.

En conclusion, une charte paysagère née du besoin de préserver les paysages est une **démarche volontaire** qui s'appuie sur un **processus global** et **opérationnel**, une **réflexion collective** qui s'appuie sur un **projet concret**, un **engagement public** qui lie ses signataires au contenu du document de charte, **un outil technique générant un contrat moral.**

---

[6]Marie-Françoise Godart, Op.citée

Deuxième chapitre : présentation du périmètre d'étude

L'identité de notre territoire d'étude est façonnée par ses caractéristiques géographiques et morphologiques : relief, géologie, hydrographie, présence de forêt, et par l'action de l'homme, encore visible dans les paysages et le bâti. Tous ces éléments façonnent un territoire propre au gouvernorat de La Manouba qui est constitué de différentes entités paysagères et est caractérisé par une situation géographique intercalaire entre les gouvernorats du Nord-est et ceux du Nord-ouest.

1. Origine étymologique :

Le gouvernorat de la Manouba prend son nom du celui de son chef lieu : la commune de La Manouba. Le nom de La Manouba remonterait à l'antiquité, si l'on en croit l'étymologie souvent avancée, et proviendrait du mot punique signifiant « marché agricole »d'où son caractère typiquement agraire[7].

2. Aperçu historique :

Fondé récemment à l'an 2000, l'histoire du gouvernorat de La Manouba revient à celle de ses délégations et ses communes. Une recherche historique nous a menés à récapituler que le gouvernorat a connu une succession de civilisations et dynasties diverses depuis l'antiquité passant par l'époque musulmane (12ème siècle) jusqu'à l'arrivée des Andalous et ensuite la période coloniale. Ce qui a contribué à façonner son territoire et influencer ses caractéristiques socioculturelles par l'introduction de nouvelles cultures (oliviers, figuiers, pomme de terre), par le développement des activités commerciales et artisanales (laine, soie, manufactures de briques, le céramique)[8]. Les ancêtres Romains, Musulmans, Andalous, se sont installés surtout dans les chefs lieux des délégations (Tuburbo-minus,Massicault) sauf les Beys qui ont choisis la commune de La Manouba comme lieu de résidence de villégiature vue sa proximité du Bardo.

Dès le début du XVIIe siècle, date à laquelle le Bey Hammouda Ben Mourad restaure et embellit les anciennes constructions et jardins Hafsides, les beys installèrent leurs deuxièmes résidences au Bardo et à l'Ariana où s'établit une colonie Andalouse.

---

[7] Fr.wikipedia.org
[8] Tunis et sa région : dynamique territoriale et mobilités dans la grande périphérie de Tunis, rapports INRETS n°32, p45.

C'étaient de petites agglomérations environnant la ville de Tunis s'ajoutant à la ville de La Manouba où des riches familles proches de la cour du Bey parsemaient leurs résidences de campagne, dont le fameux palais de la Rose devenu aujourd'hui musée de l'armée, elle faisait partie des résidences d'été des beys de Tunis(Le bey de Tunis est à l'origine un simple préfet représentant l'Empire ottoman à Tunis (Tunisie)).C'est pourquoi la ville abrite un ensemble de palais appartenant à des ministres beylicaux. On dénombre près de vingt grandes demeures, dont huit palais au milieu de « **segna** » (vergers) du XIXe siècle, construites sur le modèle de palais italiens avec de fortes notes arabo-andalouses.

L'essor de La Manouba date du règne de Hammouda Pacha (1782-1814) qui fit construire dans cette localité un palais et une caserne[9]. La municipalité de La Manouba, créée en vertu du décret du 23 juillet 1942, est considérée parmi les municipalités les plus anciennes du Grand Tunis.

Figure 2. Palais Kobbet Ennhas à La Manouba   **Figure 3.** Ancien Palais arabe à La Manouba

Ce palais fut construit par Mohammed Errachid Bey vers 1756, abrite chaque année des manifestations pour le « festival de la médina ».

[9]Arthur Pellegrin :Historique illustrée de Tunis et de sa banlieue

3. Découpage administratif du gouvernorat de La Manouba :

Crée récemment le 31 juillet 2000, le gouvernorat de La Manouba ancien bourgs urbains, appartient à la région économique du Nord-Est qui à 5.5 km de la capitale, forme avec les gouvernorats d'Ariana, Ben Arous et Tunis le district du grand Tunis. Délimité au nord par le gouvernorat de Bizerte, à   l'ouest par le gouvernorat de Béja, à l'Est par le gouvernorat de Tunis et Ariana et au sud par Ben Arous et Zaghouan. Il abrite une population de 362000 habitants[10] et couvre une superficie de 1137km² soit 42.5% de la superficie du grand Tunis, 8.84% du nord-est du pays et de 1.12%du total du pays.   Le gouvernorat de La Manouba est composé de 8 délégations, qui relevaient auparavant du gouvernorat de l'Ariana ,47 secteurs et 9 communes comme le montre le tableau qui suit :

---

[10] Estimation de 2009(institut national de la statistique-INS)

Tableau 1. découpage administratif du gouvernorat de La Manouba

Délégation	Superficie en Ha	Nombre de communes	Nombre de secteur
La Manouba	1170.35	La Manouba+Denden	6
Douar Hicher	909.2	Douar Hicher	5
Battan	15408.17	Battan	4
Borj El Amri	17262.984	Borj El Amri	4
Jedaida	18333.77	Jedaida	6
Mornaguia	26330.73	Mornaguia	7
Oued Ellil	5705.85	Oued Ellil	7
Tebourba	28750.5	Tebourba	7

Chaque délégation comporte une seule commune sauf celle de La Manouba, chef lieu du gouvernorat qui est composée de deux communes: La Manouba et Denden.

Source: Atlas cartographique provisoire du Nord-est de la Tunisie (Octobre 2010)

Figure 4. Carte du découpage administratif du gouvernorat de la Manouba et ses limites

19

4. Présentation générale du site :

Situé entre les plaines du Nord, le gouvernorat de La Manouba est caractérisé principalement par son activité agricole qui occupe 78.3% de la surface totale, dont on trouve les grandes cultures, les vergers, les cultures maraichère, etc. Dans un deuxième rang la surface des forêts est de 11.4% concentré sur la partie Nord Ouest du gouvernorat, avec une surface de 171 ha.

La population du gouvernorat de La Manouba est distribuée d'une façon plus au moins équilibrée sur l'ensemble des délégations avec une concentration plus importante sur la partie Est du gouvernorat du fait sa proximité au centre ville. Cette population est principalement urbaine soit 74 % du nombre total de la population du gouvernorat avec un taux supérieur à celui du niveau national qui est de 65 %. Et 25.7 % de la population du gouvernorat réside dans des zones non communales, concentrées surtout dans les délégations de Tébourba, Batan, Mornaguia, Borj El Amri et Jedaida.

Parmi la diversité biologique existante dans le gouvernorat de La Manouba, on peut citer quelques essences forestières: Pinus pinea et Pinus halepensis, avec un étage arbustif assez riche et varié. Le Melia, le cyprès, l'Eucalyptus sont aussi des arbres très répandus dans la région.

Pour ce qui est de la biodiversité animale on trouve : sanglier, lapin sauvage, pigeon, perdrix, cailles et de nombreuses espèces d'oiseaux.

5. Milieux physique et environnement :

L'analyse des ressources naturelles de la région est basée sur les éléments constitutifs du milieu physique dont le climat, l'hydrologie, les ressources en sols, en eaux et la diversité biologiques. Dans ce contexte, on citera alors les caractéristiques déjà mentionnés propres à notre gouvernorat d'étude:

5.1. Climat :

De type méditerranéen et semi-aride, le climat de La Manouba appartient à l'étage bioclimatique supérieur et se caractérise d'un hiver doux et humide et un été sec et chaud vue sa nature morphologique constitué d'une vaste plaine, emprise par une série de Djebels du coté nord-ouest avec une altitude max de 583m celle de Djebel Lansarine qui associé aux Djebels Djebara et Keriba constituent à partir de Jedaida et de Tebourba, les rameaux terminaux de l'atlas saharien Nord occidental et de l'autre coté au sud-est contourné par une succession de colline et quelques Djebels, dont l'élévation ne dépasse les 300m.

La température moyenne annuelle est de 18.7°c avec des variations saisonnières et journalières significatives. Les températures les plus fortes enregistrées au mois d'Août peuvent atteindre les 45°c avec une température minimale de 6°c au cours du mois de Janvier.

Sur le plan pluviométrique, la région de La Manouba compte une précipitation irrégulière entre les différentes saisons et années d'un taux moyen de 450mm/an et répartie comme suit :

- Une période pluvieuse automnale qui cumule environ 36% de la pluie annuelle, sous la forme d'orages fortes intensités.

- Une période hivernale pluvieuse qui cumule environ 37% de la pluie annuelle.

- Une période printanière à pluviométrie modérée, qui cumule environ 21% de la pluie annuelle.

- Une période estivale sèche d'une durée de trois mois (Juin, juillet et Août) qui cumule moins de 5% de la pluie annuelle. [11]

Les vents provenant des secteurs Est et Sud soufflent surtout pendant l'été.

Les vents les plus fréquents soufflent des secteurs septentrionaux surtout de l'ouest au nord-ouest et responsables des précipitations, sont fréquents pendant la période hivernale.

De même, les vents qui soufflent du Sud Est à Sud ne sont pas négligeables et peuvent devenir importants et actifs surtout au printemps et en été. Ces vents sont responsables des fortes élévations de températures pendant la période estivale sous forme de brises de mer ou sirocco.

---

[11] Atlas cartographique du gouvernorat de La Manouba 2010

5.2. La structure géologique :

Présentant la continuité naturelle de la partie Ouest de la ville de Tunis et appartenant à la partie Est de la plaine de Medjerda, le gouvernorat de La Manouba est marqué par un relief diversifié, caractérisé par la présence des plaines, des plateaux et par la concentration des montagnes à couvert végétal forestier sur la partie Ouest du gouvernorat, dont la hauteur du point le plus culminant est de 565 m d'altitude de Djebel Lansarine.

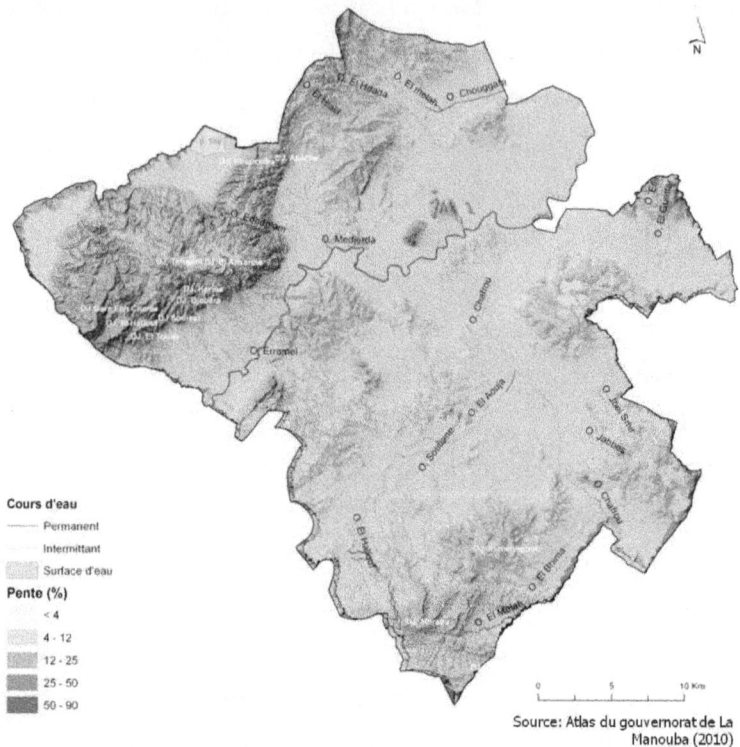

Source: Atlas du gouvernorat de La Manouba (2010)

Figure 5. Carte des pentes du gouvernorat de La Manouba

5.3. Les caractéristiques édaphiques et occupation du sol:

Le gouvernorat de La Manouba se caractérise par une grande diversité pédologique. Examinons ainsi la carte des sols où on peut distinguer les natures pédologiques occupant le territoire de La Manouba, on cite les sols argileux, argilo-calcaires, argilo-limoneux qu'on les classe en :

- ❖ Des sols provenant de l'accumulation sur les piedmonts. Ils sont souvent colluviaux, parfois encroûtés et généralement de faible profondeur et bien drainés. Ces sols sont propices l'arboriculture
- ❖ Cambisols qui sont des sols à horizon structural calcaires et les Rendzines qui sont des sols peu profonds avec horizon organique assez riche.
- ❖ Les sols alluviaux occupent la partie basse de la topographie. Elle est souvent argileuse, lourde est très fertile tels que le Fluvisols, Vertisols qu'on trouve dans la partie Nord, Nord-ouest de la région.

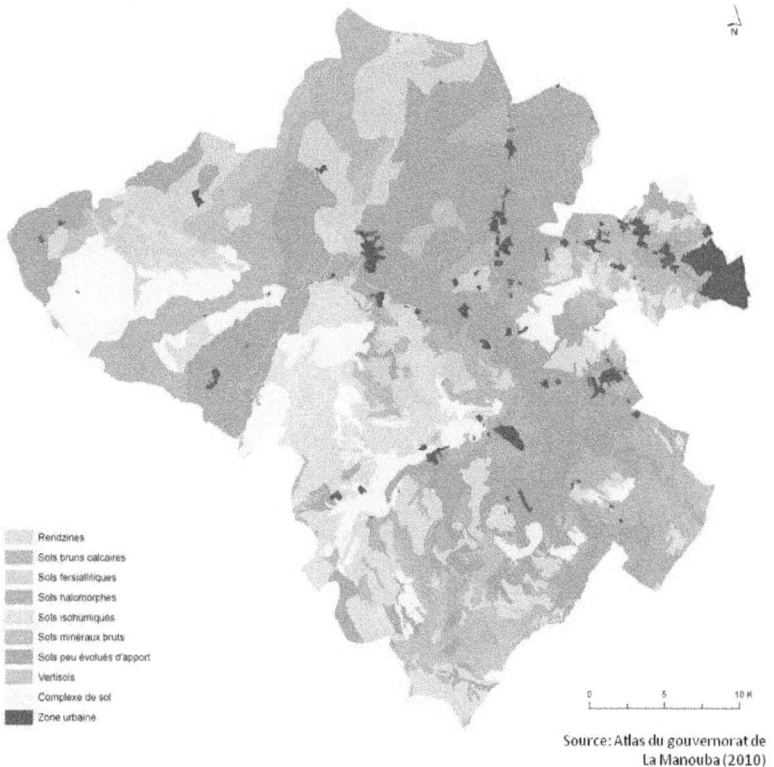

Rendzines
Sols bruns calcaires
Sols fersiallitiques
Sols halomorphes
Sols isohumiques
Sols minéraux bruts
Sols peu évolués d'apport
Vertisols
Complexe de sol
Zone urbaine

0   5   10 K

Source : Atlas du gouvernorat de La Manouba (2010)

Figure 6. Carte de diversité pédologique du gouvernorat de La Manouba

De ce qui précède, on obtient la carte d'occupation du sol ci contre c'est-à-dire celle du couvert végétal du gouvernorat :

- ✓ Les parties Nordiques présentent un couvert végétal diversifié composée de : végétation halophile de type steppe, de la Matorral bas de Romarin et du Cistes avec peu d'Erme d'Asphodèe et de la Matorral d'Oléastre. Avec des formations généralisées de série de Pin d'Alep, d'Oléastre et de Lentisques qui longent l'oued Medjerda au Nord-Est.
- ✓ Au Sud on a une diversité végétale composée de cultures généralisées de série de Pin d'Alep d'Oléastre et de Lentisque avec un matorral bas de Romarin et des végétations halophiles (steppes crassulentes).

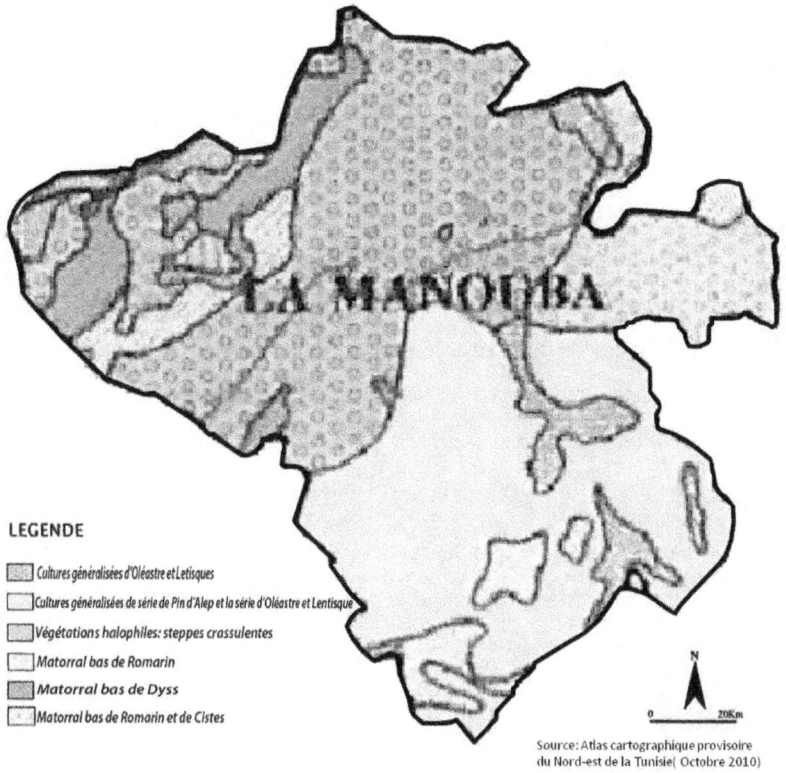

LEGENDE

Cultures généralisées d'Oléastre et Letisques

Cultures généralisées de série de Pin d'Alep et la série d'Oléastre et Lentisque

Végétations halophiles: steppes crassulentes

Matorral bas de Romarin

Matorral bas de Dyss

Matorral bas de Romarin et de Cistes

Source: Atlas cartographique provisoire
du Nord-est de la Tunisie(Octobre 2010)

Figure 7. Carte du couvert végétal du gouvernorat de La Manouba

5.4. Les ressources en eau :

la région de La Manouba est représentative à la fois des régions à haut potentiel avec un périmètre irrigué des plus anciens et des plus importants de la Tunisie, mais aussi des zones péri-urbaines qui sont à la fois pourvoyeuses des villes en produits agricoles frais et qui subissent de la part de celles-ci de fortes pressions sur le foncier du fait de l'extension urbaine. La Basse Vallée de la Medjerda (BVM) fait partie de la région du Nord-Est de la Tunisie qui est relativement bien arrosée (450 à 500 mm de pluie par an) et bénéficie par ailleurs de ressources en eaux de surface charriées par l'unique cours d'eau à écoulement permanent de la Tunisie (la Medjerda). Par ailleurs, cette région fait partie de l'arrière pays de Tunis, la capitale du pays.

Connu par une abondance de l'eau sur son territoire, le gouvernorat de La Manouba compte 22 Oueds dont les principaux sont Oued Medjerda, Oued Chaffrou,Oued Elmaleh et Oued Bakbaka.

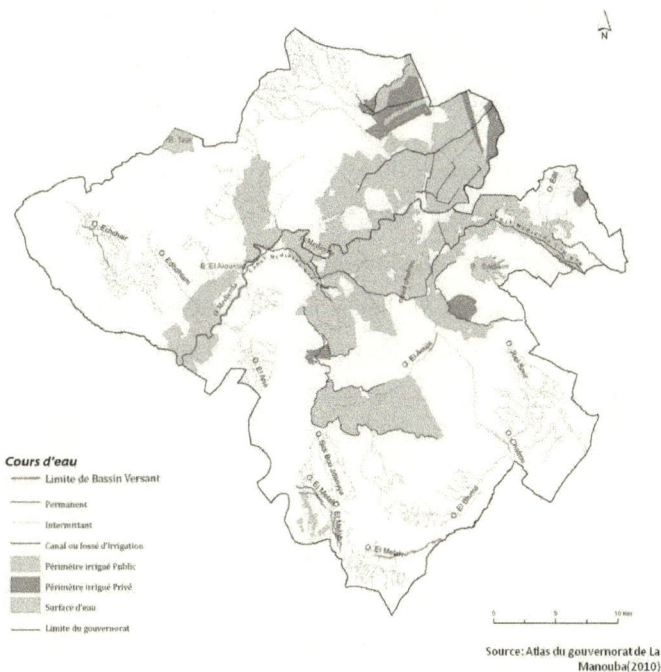

Source: Atlas du gouvernorat de La Manouba(2010)

Figure 8. Carte de répartition des périmètres irrigués dans le gouvernorat de La Manouba par type

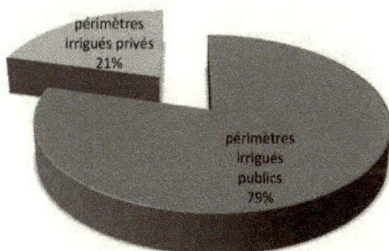

Source: Atlas du gouvernorat de La Manouba (2010)

Figure 9. Histogramme de répartition des périmètres irrigués par type dans le gouvernorat de La Manouba

Le réseau hydrographique du gouvernorat s'organise en trois bassins versants dont le plus marqué est celui de la Basse Vallée de la Medjerda (BVM).Ce dernier, occupe environ plus des deux tiers de la superficie totale du gouvernorat. L'Oued Chafrou est le deuxième collecteur dans le gouvernorat, il se rejette dans l'Oued Medjerda au niveau de la délégation de Jedaïda.

Les ressources en eau évaluées à 40 Million de m3 proviennent essentiellement du bassin de la basse vallée de la Medjerda qui est le principal aquifère du gouvernorat. La nappe est ainsi, alimentée essentiellement par Oued Medjerda et Oued Chafrou. La nappe du bassin de l'oued Chafrou profite pour son remplissage des apports superficiels des bassins d'Oued El Melah et d'Oued El Ahna, principal affluent d'Oued Chafrou.[12]

---

[12] Atlas cartographique du gouvernorat de La Manouba 2010

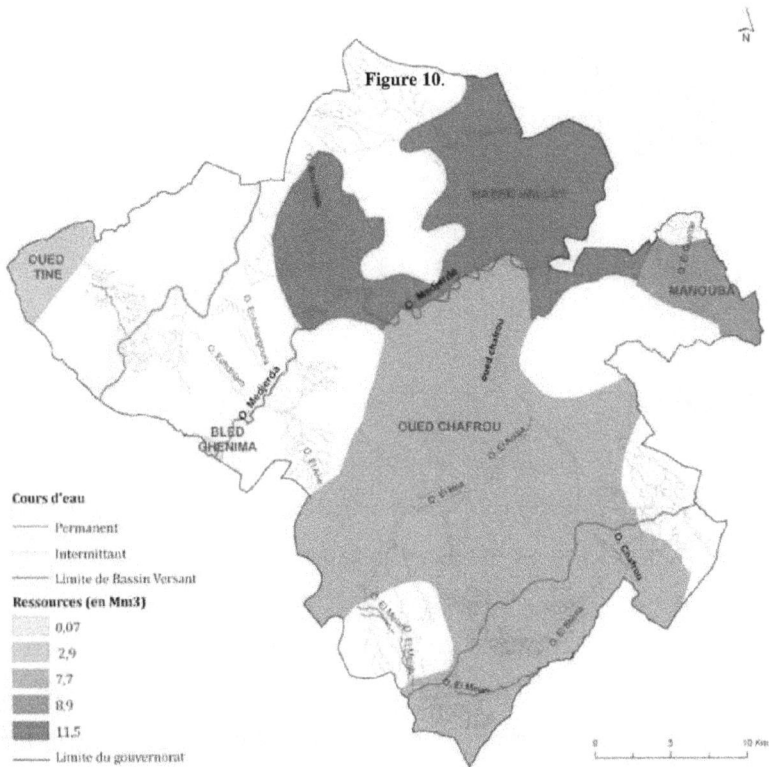

Figure 10.

Cours d'eau

------- Permanent

.... Intermittant

------- Limite de Bassin Versant

Ressources (en Mm3)

0,07

2,9

7,7

8,9

11,5

------- Limite du gouvernorat

Source: Atlas du gouvernorat de La
Manouba(2010)

Figure 11.Carte des nappes phréatiques du gouvernorat de La Manouba

La richesse agraire du gouvernorat de La Manouba se doit essentiellement à sa situation stratégique et son appartenance à la Basse vallée de la Medjerda.

Plusieurs travaux de la mise en valeur de la vallée de La Medjerda se sont mis en place, qui, sans doute avaient des impacts sur le paysage et ont suscité notre intérêt sur la valeur paysagère de l'eau à La Manouba.

Figure 12. Canal d'eau déversé du barrage
Laaroussia

29

Figure 13. Barrage El Battan

5.5. Le poids économique du gouvernorat de La Manouba :

Le gouvernorat de La Manouba participe par 82% d'un taux d'activité dans le
Grand Tunis avec un taux de chômage près de 14.2%.Cette activité régie
essentiellement dans le secteur de l'agriculture qui est très dynamique avec
transmission d'un savoir faire performant d'une génération à une autre d'où la
politique territorial orientée vers la valorisation de la totalité de ses potentiels
agraires et optimiser l'utilisation de   toutes ses ressources naturelles. Il est
connu pour son caractère typiquement agricole qui est le secteur le plus
dominant dans l'économie du gouvernorat, suivi de l'industrie qui n'a cessé de
connaître une évolution importante notamment dans les productions
manufacturières.

5.5.1. La production agricole :

L'agriculture dans le gouvernorat prend une place primordiale vue son
emplacement dans le bassin de la basse vallée de la Medjerda et la
prédominance des terres agricoles qui occupent 89% de sa superficie
totale. En effet, le gouvernorat de La Manouba occupe le premier rang
dans la production de poires et d'artichauts avec 33% et 26% de la
production nationale. Le gouvernorat participe également avec 6% de la
production nationale de céréales et 5% de tomates.

Dans le grand Tunis, c'est le gouvernorat de la Manouba qui présente la part la plus importante avec 88.660ha de surfaces agricoles exploitées.

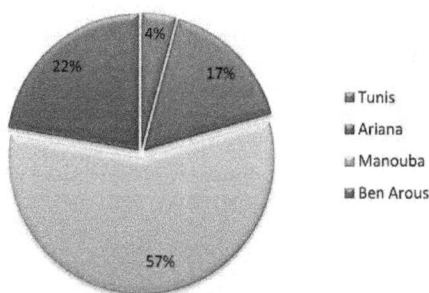

Source: Atlas du gouvernorat de La
Manouba 2010

Figure 14. Histogramme du taux d'exploitation agricole du gouvernorat de La Manouba dans le grand Tunis

(saison 2006-2007)

Tableau 2. La répartition des terres par leurs fonctions dans le gouvernorat de La Manouba

	Terres agricoles labourées	Terres non labourées	parcours	forêt	total
Tunis	6.700	-	-	2.000	8.700
Ariana	23.380	-	-	8.290	31.670
Ben Arous	36.000	11.000	4.000	16.000	67.000
La Manouba	88.660	12.290	-	12.750	113.700

Source: Commissariat Régional de
Développement Agricole, 2007

Depuis longtemps, la BVM a constitué un espace fertile pour toute activité agricole. Les terres, l'eau et le savoir faire local restent des facteurs déterminants pour un développement agricole diversifié.

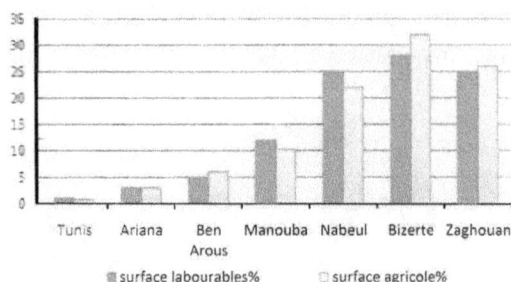

Figure 15. Histogramme de répartition des terres agricoles par gouvernorat dans le Nord-est de la Tunisie

5.5.2. L'activité industrielle :

Le gouvernorat comporte 201 entreprises industrielles et 7 zones industrielles, dont la superficie est de 112 hectares. Plus de la moitié opèrent dans le textile et l'habillement. Ces zones sont : la zone industrielle de Douar Hicher, la zone industrielle de Jedaida, la Zone Industrielle de Tébourba, la Zone industrielle d'El Fejja, la zone Industrielle d'El Mornaguia 1 et 2; Celle de Borj El Khalsi, et actuellement la première tranche de la zone industrielle dans la région d'El Fejja sur l'espace brut de 50 hectares.

Tableau 3. les différentes zones industrieles dans le gouvernorat de La Manouba

Zone	Superficie (Ha)	Dont aménagée (Ha)	Lots	
			Nombre total	Superficie
Ksar said	49	42.3	12 2	42, 3
Tebourba	10	10	21	10
Jedaida	12	12	24	11.8
Mornaguia1	3.7	3.5	7	2.8
Mornaguia2	28.5	-	12	-

5.6. Le réseau urbain :

Le gouvernorat de La Manouba s'étend sur 113 700 Ha dont 8955Ha sont urbanisés soit 7,8% de la superficie totale du gouvernorat. Cette superficie urbanisée est répartie sur 9 communes. Le plus ancien noyau urbain du gouvernorat date depuis 1904, c'est la ville de Tebourba au riche passé historique, situé à la frange de l'un des contreforts du Tell septentrional, fondée à l'époque romaine sur la voie CONSTANTINE-CARTHAGE, sous le nom de Tuburbo-minus.

Tableau 4. Les caractéristiques des communes du gouvernorat de La Manouba

Communes	Date de création	Superficie (Ha)	Populaion 2009	Densité Hab/km^2
Manouba	23/07/1942	833	28 347	3 403
Denden	05/02/1985	345	26166	7 584
Douar Hicher	10/05/2001	1120	81 352	7 264
Oued Ellil	04/04/1985	3000	53 315	1 777
Jedeida	09/01/1957	2200	26 532	1 206
Tebourba	19/03/1904	424	25 372	5 984
Mornaguia	13/07/1967	517	15 899	3 075
Borj El Amri	18/07/1967	379	7 080	1 868
Battan	26/05/1991	137	6 162	4 498

Source : Atlas du gouvernorat de La Manouba(2010)

Figure 16. La ville de Tebourba dans les années 50

la planification urbaine répond aux politiques recommandées dans les PAU, documents opposables au tiers, en vue d'organiser et mieux gérer le développement de leurs territoires et de mettre en œuvre leurs projets politiques notamment dans les domaines du développement économique, de l'agriculture, de l'aménagement de l'espace, de l'environnement, de l'équilibre social de l'habitat, des transports et équipements, et ce dans le but de faire face au développement urbain désordonné et d'organiser l'espace communal.

La remarquable accélération de la croissance urbaine, depuis la deuxième moitié du XXème siècle, a créé un paysage parfois incohérent, dépourvu le plus souvent de lisibilité et de points de repères, alors qu'antérieurement, la ville était clairement identifiée dans ses limites et dans son mur d'enceinte (ville intramuros).

À partir des années 1950, l'agglomération tunisoise a vu son paysage urbain évoluer en fonction de sa croissance démographique et de l'amorce de l'urbanisation en dehors des murs de la Médina. En effet, quatre grandes époques d'urbanisation ont marqué les villes extramuros de Tunis :

Les cartes ci-dessous mettent en évidence les grandes périodes de développement de la ville et son impact sur l'extension urbaine de notre territoire d'étude :

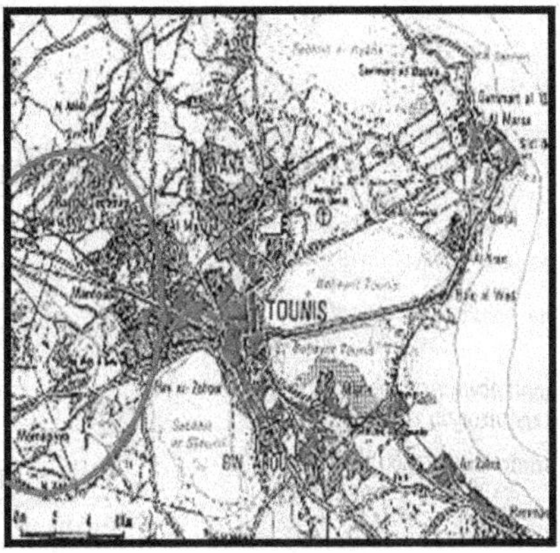

Figure 17. Enveloppe urbaine de la ville de Tunis en 1945

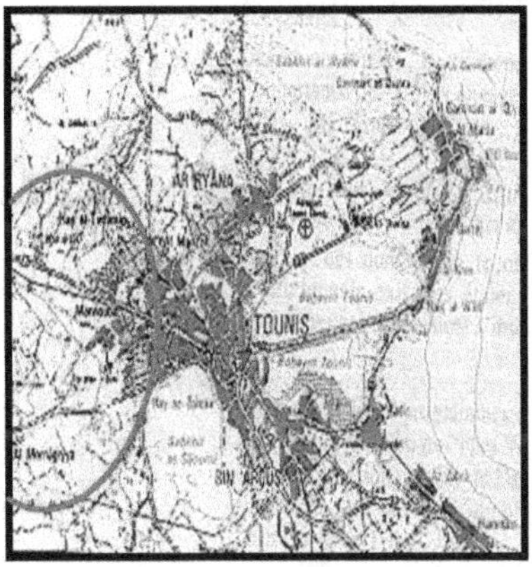

Figure 18. Enveloppe urbaine de la ville de Tunis en 1975

Figure 19.Enveloppe urbaine de la ville de Tunis en 2000

Comme illustrée ci dessus, La Manouba était un ancien bourg rural de la capitale, qui, sous la pression urbaine, devenu un véritable pôle de croissance urbaine (nouveau centre urbain émergeant).

Parallèlement à l'étalement urbain qu'a connu la capitale Tunis, les villes du gouvernorat de La Manouba ont connu, comme les autres villes périphériques, une extension urbaine relativement importante au dépend des terres agricoles.

Auparavant, ces régions fertiles de la BVM à vocation traditionnellement agricole, s'intégrèrent à « la ceinture verte », la banlieue maraîchère et fruitière de Tunis[13] qui désormais faisait partie des ceintures urbaines de l'étalement de Tunis.

Vu sa proximité à la métropole régionale, le gouvernorat de La Manouba est devenu un remède pour la ville de Tunis qui lui résorbe la pression urbaine. Il devient le territoire approprié pour la nouvelle projection urbaine de Tunis sur son territoire.

Ce flux migratoire provient non seulement des régions du Nord-Ouest mais aussi du centre de Tunis à la faveur de plusieurs facteurs favorisant :

---

[13] Tunis et sa région : Dynamique territoriale et mobilités dans la grande périphérie de Tunis-rapport INRETS n°32

✓ La richesse de cette zone où le développement récent des activités industrielles et du secteur tertiaire autour de certains pôle (à Tebourba et Jedaida) et le maintien des activités agricoles traditionnelles multipliant les chances de trouver un emploi.

✓ Cette région constituait une opportunité foncière en raison des coûts moins élevés et à proximité de Tunis qui restait le pôle d'emploi privilégié.

✓ L'existence d'une desserte ferroviaire, routière et l'amélioration du niveau d'équipement, jouent un rôle régulateur en matière d'emploi et installations humaines.

L'urbanisation est un phénomène qui consomme l'espace mais le conflit paysage et urbanisation ne se pose vraiment pas dans notre cas puisque ces ilots urbains n'ont pas encore détruit le caractère agraire dominant du gouvernorat de La Manouba.

Troisième chapitre : lecture paysagère du gouvernorat de La Manouba

1. Les fondements des paysages du gouvernorat de La Manouba :

Le territoire de La Manouba est constitué d'une vaste plaine entaillée par deux chaînons Atlasique d'orientation Sud Ouest Nord Est : (DjebelsMoraba et Djerife) au Sud du gouvernorat et les Djebels Lansarine, Djebara et Kheriba au Nord. Ces derniers constituent les rameaux terminaux de l'Atlas Saharien Nord Occidental. Notre territoire d'étude est traversé de l'ouest vers l'est par la Vallée de la Medjerda, qui, départage les plaines des collines à basses altitudes(les buttes de : Ragoubet Bel Hédi, Djebel Saroula et Djebel Hammad). L'ensemble constitue une mosaïque paysagère relativement simple, émaillée des ensembles paysagers plus restreints et discrets des petites vallées affluentes à la Medjerda.

L'agriculture participe à différencier les paysages de la vallée des collines et des plateaux : si ces derniers sont voués aux grandes cultures, sur un parcellaire très dilaté ; ils montrent une occupation des sols agricoles plus diversifiée (cultures, prairies et parfois   vergers), sur un parcellaire généralement plus resserré, notamment sur les bords de la vallée.

De grands massifs forestiers viennent s'implanter sur les marges des plateaux au côté Nord-ouest, recouvrant une partie des pentes des chaînons atlasiques : forêts de Djebel Ben Jabra, El Khriba, El Kharrouba, El Héouia, Maisra, El Baouala. Ces grands massifs sont complétés un peu partout par de petits bois, qu'on trouve sur les plateaux comme sur les pentes de Djebel Lassoued et Bou Aoukkez, Djebel Sarouala et Mayana.

Les formes urbaines montrent une adaptation aux conditions offertes par le site : habitat groupé en «villages tas» sur les plateaux et isolés sur les collines. L'habitat dispersé est rare, seules quelques fermes isolées ponctuant ça et là l'étendue des plateaux, on est bien dans un paysage **openfield.**

Depuis l'époque coloniale le territoire de La Manouba est influencé par une voie ferrée qui traverse le gouvernorat de l'est vers l'ouest et qui se ramifie au centre de

Jedaida. Cette voie jouait un double rôle : transporter les voyageurs et les marchandises.

L'autoroute A3 (Tunis-Oued Zarga), pour sa part, a récemment participé à la restructuration du grand paysage menant à tout le Nord-Ouest.

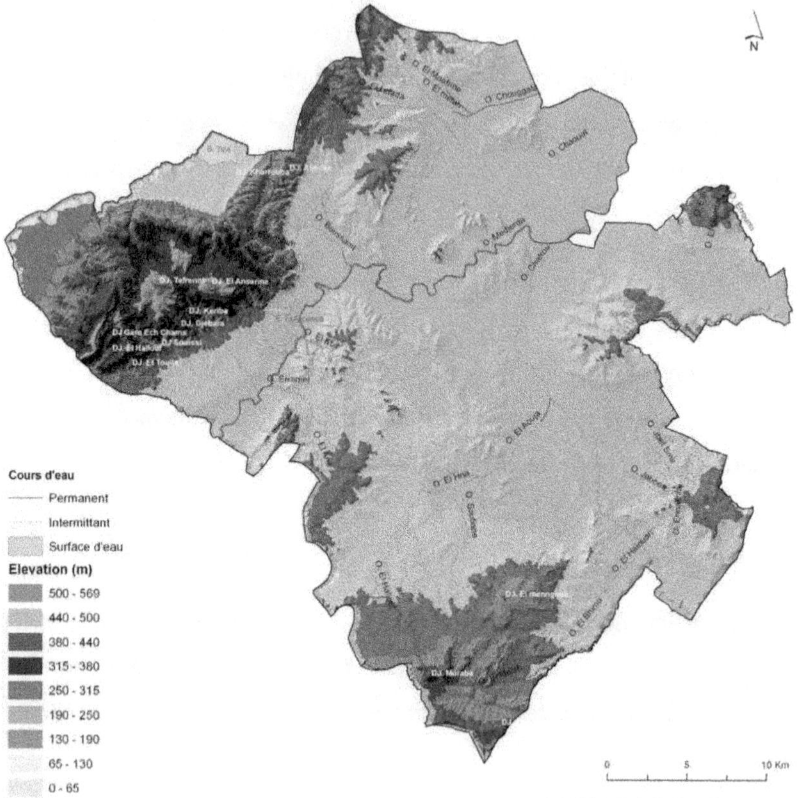

Source: Atlas du gouvernorat de La Manouba 2010

Figure 20. Carte du relief et hydrographie du gouverorat de La Manouba

1.1.Un épais socle riche et fertile :

Le sous sol du territoire du gouvernorat de La Manouba est principalement constitué des sols fertiles profonds et peu profonds. Plus le sol est profond plus il acquiert une valeur agricole plus élevée.

Ce socle riche, est dans beaucoup de secteur de La Manouba, recouvert par des formations géologiques (des alluvions, des colluviaux, dépôt…) qui diversifient la nature des sols et des paysages qu'ils supportent en influant sur la végétation naturelle, les pratiques agricoles et forestières, ou encore sur l'aspect du bâti traditionnel.

1.2. Une nature géologique variée :

Cette variabilité est dû aux ensembles physiques assez contrastées (plaines, zones inondables, collines, massifs montagneux, Djebels), dominés par les plaines et les collines qui représentent près de 75% et sont traversés par un réseau hydrographique coulant de l'Ouest vers l'Est et dont le collecteur principal est la Medjerda.

La plaine alluviale de La Manouba, se caractérise par des altitudes basses ne dépassant généralement pas les 40m s'étend sur 53km². Au centre, elle s'est forme sur l'emplacement d'un golfe marin profondément découpé par les accidents géologiques à l'intérieur d'une région fortement plissée. Cette plaine correspond à une structure synclinale et effondrée. Elle est occupée par des alluvions quaternaires le plus souvent argilo-sableuses à argilo-sablo-limoneuses.

2. Les entités paysagères du gouvernorat de La Manouba :

Les entités paysagères sont définies comme des morceaux du territoire qui s'organisent et s'individualisent selon des caractères géographiques et humains (relief, hydrographie, végétation, occupation du sol...) bien précis. Elles s'articulent entre elles grâce à des zones de transition ou, au contraire, par des limites franches (boisements, voies, cours d'eau...).

2.1. Les systèmes collinaires :

A l'exception de Djebel Lansarine culminant à 565 m, le gouvernorat de La Manouba est caractérisé par une chaîne de reliefs modérément élevé mais très marquée dans le paysage. Ces reliefs sont observables depuis différents coins du gouvernorat, leur présence est d'autant plus remarquée qu'elle est constatée par la grande étendue de plaine domine ainsi le paysage. Ces djebels sont :

- Djbel El Hallouf: 480m
- Djbel Ben jebara: 397m
- Djbel El Khriba: 399m
- Djebel Garn Echams:463m
- Djebel Etouila:372m
- Djbel Mayana : 185 m

Figure 21. Les buttes d'oliviers à Tebourba

Figure 22. Vue Nord-est des chaînons des Djebels

Figure 23. Vue Sud-ouest de Djebel Mayana à Tebourba

Ces reliefs sont, dans la plupart du temps, les supports du patrimoine forestier du gouvernorat La Manouba.

2.1. Les plaines :

La plaine au gouvernorat de La Manouba est une entité topographiquement bien marquée où le paysage s'ouvre et prend de l'ampleur avec des horizons lointains. Elle est présentée sous plusieurs figures paysagères et offre différentes scènes spatio-temporelles suite à une variété culturale qu'elle porte et aux pratiques humaines qu'elle suscite.

Une perception minutieuse et sensible de ces plaines, nous a permis de toucher leurs richesses plastiques et vivre leurs impacts visuels. Elles sont les supports des éléments minéraux et végétaux. Ces derniers, associés ou isolés, contribuent à façonner des séquences paysagères propres à ces plaines et à renforcer leurs caractères qui sont :

❖ L'horizontalité : exprimée par le rapport verticalité-horizontalité:

Figure 24. Des éléments végétaux qui renforcent l'effet d'horizontalité des plaines

❖ Des scénographies de planéité :

La perception des séquences de planéité présente des variations en fonction du temps et de l'espace. On parle de **scénographie paysagère** saisonnière :

Figure 25. La variation de la même scène paysagère au fil des saisons

Et **de paysage openfield :**

Figure 26.Champs fleuri à Tebourba

Figure 27.Plaine de céréale à Borj El Amri

2.2. Le paysage forestier :

Réparties sur l'ensemble du gouvernorat, les 8000 ha de ces forêts sont réservés pour les parcs et les réserves naturelles. Ils sont récemment implantés par des Eucalyptus de Pinus Halepensis ou par des oliviers.

Tableau 5. répartition du patrimoine forestier dans le gouvernorat de La Manouba

Forêt	Délégation	Surfaces en ha
Forêt Echawki	Tébourba	3.707
Forêt Borj Ettoumi	El Battane et Jedaida	3.067
Forêt Borj Elamri	Borj Elamri et Mornagia	630
Forêt Oued Elil	Le reste des délégations	600

Figure 28. Entrée de la forêt de Djebel Mayana à Tebourba

Forêt de Djebel Mayana aménagée en parc urbain

Parc forestier à Djebel Lansarine

Fôret d'olivier à Douar Hicher

Figure 29. Planche de répartition du patrimoine forestier au gouvernorat de La Manouba

2.3. Le Paysage de l'eau :

Sur le plan des unités hydrogéologiques, le bassin versant de la BVM est constitué de deux sous-bassins versants, celui de la Basse Medjerda et celui de l'affluent le plus important dans la zone de la Medjerda et qui coule du Sud vers le Nord, l'oued Chafrou. Le bassin de la Basse Medjerda forme un aquifère assez important pour la région. Celui de Chafrou est moins important, mais il bénéficie des apports des différents affluents de ce dernier et notamment ceux de l'oued Maleh. [14]

Comme tous paysages de l'eau, les fleuves et les cours d'eau subliment par leurs reflets les moindres changements atmosphériques.

Le grand fleuve permanent de La Medjerda coulant de l'Ouest à l'Est du gouvernorat, souligne un grand **corridor** visuel qui met en valeur alternativement une berge puis l'autre.

Les cours d'eau sont des **artères vitales** des paysages riverains. Ces derniers évoluent constamment, selon que l'on est en saison sèche ou en saison des pluies. Ces fortes variations au niveau de l'eau créent des ambiances différentes. L'eau qui a modelé notre paysage raconte l'histoire du gouvernorat et du degré d'investissement de l'homme dans ce territoire.

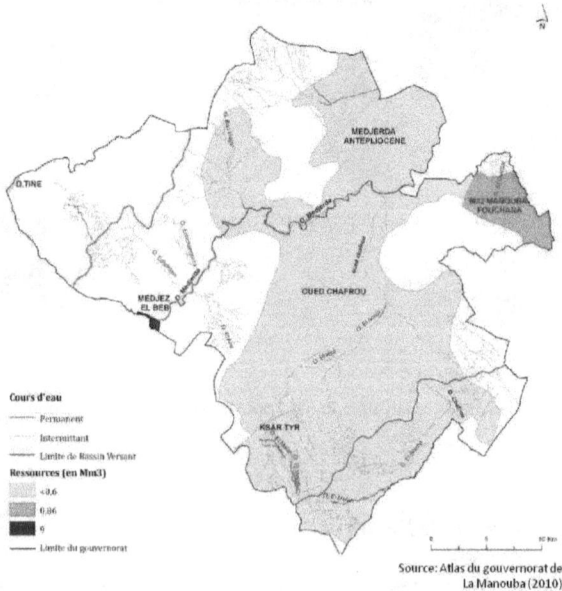

Source: Atlas du gouvernorat de
La Manouba (2010)

Figure 30. Carte du réseau hydogéologique du gouvernorat de La Manouba

---

[14] S.D.A du gouvernorat de La Manouba 2010

Au fil de l'eau on rencontre alors :

- Une biodiversité

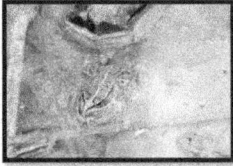

Figure 31. L'eau est une artère vitale et un élément naturel essentiel pour une nature équilibrée dans le gouvernorat de La Manouba

- Une diversité des ambiances paysagère influencée par la forme sous laquelle l'eau se présente:

Figure 32. Eau archéologique

Figure 33.Eau forestière

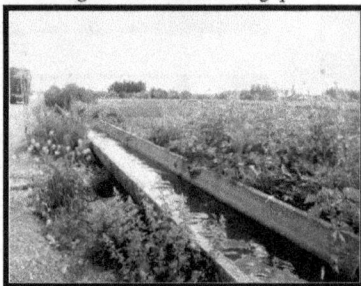

Figure 34.Canal d'irrigation par gravité

Figure 35.Eau agraire du barrage El Mornaguia

Figure 36.Eau agraire du barrage Laaroussia

Figure 37. Eau du barrage à Chouigui

2.4. Le paysage urbain :

Cette entité paysagère rassemble des formes urbaines selon une logique temporelle et la structure géographique du territoire du gouvernorat de La Manouba. Deus formes urbaines qui caractérisent ce territoire :

-**Des agglomérations** qui s'étendent sur les plaines jusqu'aux pieds des collines pour former des bandes urbaines. Deux tissus urbains les structurent : un ancien noyau suivi de nouvelles constructions plus ou moins modernes. La plupart de ses éléments urbains se caractérisent par une hauteur optimale des constructions. Le bâti groupé est accolé à cause du manque d'espace vert.

Figure 38.Urbanisation qui s'étend depuis les plaines jusqu'aux pieds des collines

Figure 39.Les axes de la ville d'Oued Ellil s'ouvrent sur les Djebels patrimoniaux du gouvernorat de La Manouba

-**Des ponctuations du bâti en isolées** représentées par de grandes fermes éparpillées qui définissent les bourgs des villes ou villages. Cette forme urbaine se met en place généralement aux flancs des collines. Ces fermes montrent une volumétrie simplifié mais identitaire du gouvernorat. Grâce aux tuiles rouges et les chapelles elles sont à l'origine d'une palette de couleurs et forme architecturales originales dans le bâti.

L'histoire locale a laissé en place un patrimoine architectural traditionnel de maisons de villages. Bien que peu nombreuses, celles-ci permettent de structurer leur référent architectural reconnaissable. On lit dans le paysage urbain les structures et les héritées des époques précédentes.

Figure 40.Des habitats isolés sur les flancs des collines

Figure 41.Construction type des maisons de villégiature à Saida

Figure 42.Construction type au village Chouigui

2.4.1. L'évolution urbaine dans le gouvernorat et son impact spatial:

L'évolution urbaine qu'a connue notre territoire d'étude peut être analysée suivant deux échelles, une territoriale et une communale, qui vont être traitées dans ce qui suit :

❖ Un paysage urbain **en essaim** :

A l'échelle du gouvernorat, l'urbanisation s'est développée en essaimage qui depuis la période coloniale jusqu'à nos jours a connu une évolution assez remarquable sous forme d'une condensation des anciens noyaux urbains Des villages comme Jedaida,Chouigui, Chaouat, Tebourba deviennent des concentrations urbaines sous la pression démographique Tunisoise. Ceci est illustré dans les cartes qui suivent :

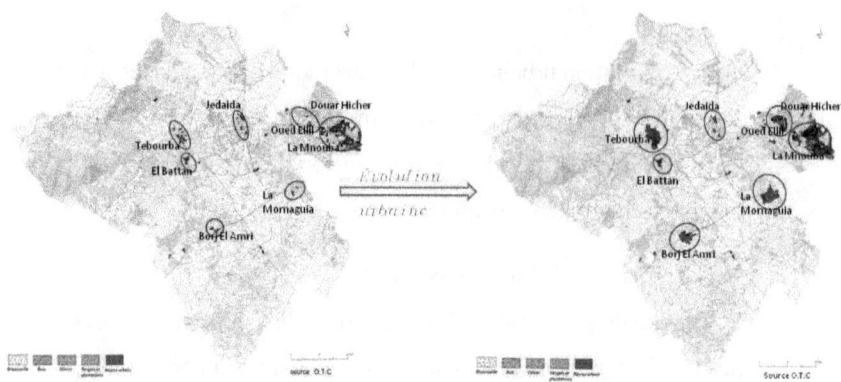

Figure 43. Planche d'évolution des tissus urbains du gouvernorat de La Manouba durant la période 1984-2009

L'urbanisation du gouvernorat est concentrée essentiellement au côté Est parallèlement à la densité de population de chaque commune (Manouba, Oued-Ellil, Douar Hicher) vu l'attractivité de Tunis est à sa proximité.

Les services offerts par le territoire manoubien (facilité du transport, sa proximité de la ville de Tunis, le coût foncier faible, la richesse et la fertilité de son sol, le développement des secteurs agricole et industriel produisant encore plus d'emploi) ont généré des implantations humaines spontanés (tel est le cas pour la commune de Douar Hicher) et une urbanisation caractérisée par la juxtaposition de forme variées. Cette diversité est liée notamment au statut complexe du marché foncier (statut juridique flou de nombreux terrains, la coexistence de terrains privés et de terrains gérés par des organismes publics).[15]

Cet urbanisation auparavant spontanée, est devenue organisée suit à l'intervention des agences foncières et de l' OMVVM sauf celle à Douar Hicher qui gardait encore plus ou moins son aspect anarchique.

Depuis les années 70, l'urbanisation a envahi les villes en partant des principaux axes routiers qui les traversent.

Actuellement l'urbanisation continue à se propager dans le gouvernorat notamment en direction des petites agglomérations de Mornaguia, Oued Ellil et Jedaïda qui représentent des banlieues stabilisées où les disponibilités de terrains à vocation résidentielle sont très limitées puisque le territoire Manoubien est quasiment agraire et qui envahit tout le territoire.

Selon les prévisions faites en 1980 par J.MiMIOSSEC et H.DLALA[16], ils envisagèrent le développement des fonctions résidentielles et l'urbanisation rapide autour d'un certain nombre d'agglomérations, ce

---

[15] Tunis et sa région : Dynamique territoriale et mobilités dans la grande périphérie de Tunis, rapport INRETS n°32
[16] Op.citée

qui est en train de se vérifier bien qu'elles gardent encore un caractère rural marqué.

Ces développements s'effectuent suivant les atouts attractifs et les intensités caractéristiques de chaque zone :

- Oued-Ellil, Saida : depuis 1980 Oued Ellil est à vocation résidentielle grâce à la construction de cinq lotissements SNIT occupés pour l'essentiel par des populations provenant de gourbivilles de Tunis.[17]

- Douar Hicher : facilité de l'implantation des habitats spontanés pour le coût foncier faible

- Tebourba : Concurrencée par Jedaida, peu dynamique au plan industriel, elle devient progressivement une « ville-dortoir », tout en conservant ses activités agricoles traditionnelles.Le flux migratoire vers cette commune a vu son apogée dans les années 60. Tebourba jouait le rôle de ville-relai par rapport à Tunis.

- Jedaida : dont l'origine est plus récente qu'à la ville de Tebourba, bénéficie de sa situation au carrefour de plusieurs axes de communication importants et de zones agricoles riches. Toujours active dans le secteur agricole, elle se développe également sur le plan industriel et commercial. Plusieurs de ses pôles secondaires sont en extension tel que Bejaoua qui fut installée pour le relogement des populations de la région sinistrée par les graves crues de l'oued Medjerda.

❖ Un paysage urbain **en tâche d'huile** :

A l'échelle de la commune la dynamique urbaine est en tâche d'huile prenant les axes routiers principaux comme repère de la direction d'étalement. Sur la carte des unités de paysage, les zones

---

[17] Tunis et sa région, dynamique territoriale et mobilités dans la grande périphérie de Tunis, p49

Figure 44.

urbaines forment de petites tâches minuscules négligeables par rapport à ce qui l'entoure, plus on s'éloigne de son centre plus le cercle urbain se dilate formant des franges urbaines avec les terres agricoles. Ces franges à caractère confus,sont formées par des implantations humaines éparpillées, en isolé.

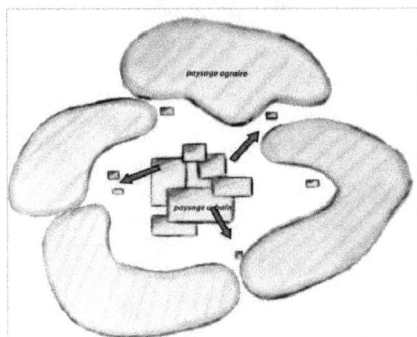

Figure 45.Schéma explicatif de la dynamique urbaine à l'échelle des communes du gouvernorat de La Manouba

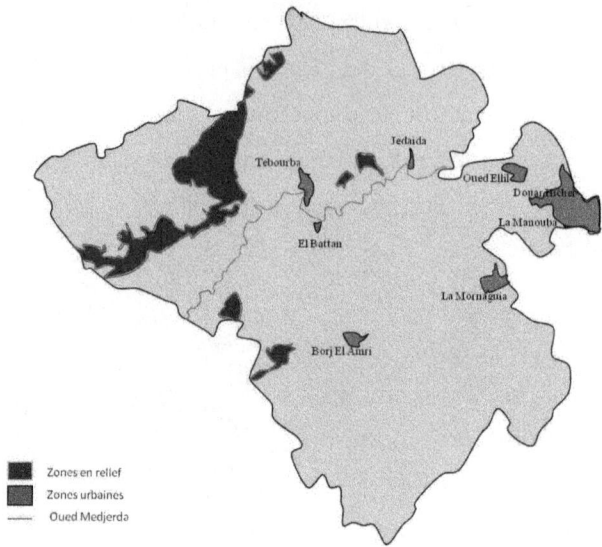

Figure 46. Carte représentative de la répartition des masses urbaines par rapport au reste du territoire du gouvernorat de La Manouba

2.5. Le paysage agraire :

Depuis l'époque des Beys la vocation de La Manouba est agraire. Cette vocation n'a cessé d'évoluer et d'affecter son caractère spatio-temporel et sa composition morpho-culturale.

2.6.1 Les caractéristiques du paysage agraire du gouvernorat de La Manouba :

❖ Un paysage agraire diversifié:

La carte d'occupation agraire du gouvernorat de La Manouba révèle quartes entités agricoles essentielles dont leurs introductions apparaissent parallèlement avec une évolution sociologique et culturelle riche au fil des années.

Deux siècles avant la colonisation, avec l'arrivé des Andalous à Tebourba, de nouvelles cultures fut introduites (les oliviers, les figuiers et les pommes de terre).

L'agriculture connaît également un nouvel essor avec la période de la colonisation connu par un développement des cultures maraîchères et fruitières. Depuis les années 60 la réforme agraire et l'attribution de terres par l'OMVVM a entrainé l'arrivée des agriculteurs provenant de régions diverses et notamment du Sahel donc apparition de nouvelles connaissances et techniques ce qui a enrichi le savoir faire agraire.

Sachant que le gouvernorat fut crée récemment, un aperçu historique nous a guidé à l'histoire des communes pour connaître les cultures agricoles qui s'y sont développées et qui, se sont propagées sur l'ensemble du territoire de La Manouba. L'occupation des sols par les différentes pratiques agricoles représente une composante essentielle des paysages. On trouvait alors une variété culturale intéressante :

•La grande cultures(les céréales et les fourrages)

•Les vignobles au gouvernorat de La Manouba

•La culture maraîchère

•L'arbori-culture fruitière

Figure 47. Planche des différentes pratiques culturales du paysage agraire au gouvernorat de La Manoub

❖ Un paysage agraire morcelé : Avant et durant la période coloniale, les terres agricoles étaient disloquées et sous forme de grandes propriété appelées « henshirs » appartenant à des colons italiens, français et maltais et à quelques Tunisois. Le morcellement s'est accentué de génération à une autre suite au phénomène de l'héritage. Ce qui, par conséquent, a fait naître des parcelles agricoles appartenant aux petits exploitants et se sont rapprochées petit à petit pour former un grand étendu agraire.

Figure 48. Vue Sud-ouest à Saida montre un paysage agraire en mosaïque

Figure 49.La multitude des haies renforcent l'aspect morcelé du paysage agraire

❖ Un paysage agraire polymorphe et dynamique :

L'agriculture dans le gouvernorat de La Manouba est un moyen de production de paysage par des scènes agraires qui varient avec les saisons.

Les photos qui suivent, donnent la parole au paysage.

Figure 50.Deux figures pour la même scène qui varie selon les saisons (du mois de Novembre jusqu'au moi d'Avril)

Figure 51. Le polymorphisme du paysage agraire selon les saisons (une variation du mois d'Avril jusqu'au mois de Mai)

2.5.2. Dynamisme de l'évolution des pratiques agricoles :

Les pratiques agricoles se distinguent par la répartition des différentes cultures sur le territoire du gouvernorat de La Manouba avec les classes sociales au fil des années. Cette logique est expliquée par les cartes schématiques ci après. Cette logique a générée une disposition parcellaire comme suit : l'implantation des champs des vignes est liée essentiellement à leurs proximités des églises des chrétiens pour s'en servir lors de leurs cérémonies qui se sont installés comme par exemple à Chouigui et à Massicault (actuellement nommée Borj El Amri).

Figure 52. Vue générale Ouest des vignobles du village Chouigui

Figure 53. La bénédiction de la cloche d'église à Chouigui

Quant aux vergers ou « segnia » s'implantèrent auprès des établissements humains pour jouer le rôle des jardins vergers et notamment près de la ville de Tunis pour l'approvisionner aisément et plus rapidement. Ces «segnia » viennent accompagner les palais de villégiature à l'époque des beys.

A leurs proximités et partout dans le territoire, s'implantèrent les champs d'oliviers occupant de vastes superficies. Plus précisément, ils suivirent les points sources d'eau notamment oued Medjerda.

Ancienne église à Chouigui

Ancien palais arabe
entouré par son
jardin-verger

Canal d'eau
Oued Medjerda

Figure 54. Planche explicative de la répartition agricole sur le territoire du gouvernorat de La Manouba en 1984

cours d'eau:
permanent
intermittent
type d'occupation:
arboriculture
fourrage
céréaliculture
culture maraîchère
oliveraie
vigne
forêt
zone d'habitat
grand équipement
espace vert
zone d'activité artisanale et industrielle
parcours
surface d'eau
zone non agricole
zones de régression des activités
agricoles

Source: Atlas du gouvernorat
de La Manouba(2010)

Figure 55. Carte d'occupation du sol du gouvernorat de La Manouba

Comme illustré ci-contre, la céréaliculture et la culture fourragère viennent compenser les terres non cultivés et émergent ainsi sur tout le territoire donnant une grande entité agraire caractéristique du paysage manoubien.

Tout en gardant leur allure qui suit celle de l'oued Medjerda, les oliveraies se sont plus ou moins morcelées par l'implantation de nouveaux vergers d'arbori-culture fruitière.

Quant aux champs des vignobles, ils se sont rétrécis.

65

Figure 56. Evolution des espaces cultivés sur les rives de La Medjerda auprès du barrage El Battane depuis le XVIIème siècle jusqu'au XXIème

2.6. Paysage industriel :

Le gouvernorat de La Manouba est doté d'un paysage industriel dont les activités sont classées parmi les industries non polluantes essentiellement du textile et habillement(ITH) et de l'agro-alimentaire (IAA).

2.7.1. Localisation des zones industrielles dans le gouvernorat de La Manouba :

Les unités caractéristiques des zones industrielles se sont implantées en périphérie des villes se trouvant aux alentours du rayon d'extension des fonctions de la ville de Tunis. Au total il y a 5 zones industrielles avec implantation d'un parc industriel à El Fejja avec 216 ha[18].

Tableau 6. Les zones industrielles du gouvernorat de La Manouba

Zone	Superficie (Ha)	Dont aménagée (Ha)	Lots	
			Nombre total	Superficie
Ksar said	49	42.3	12 2	42, 3
Tebourba	10	10	21	10
Jedaida	12	12	24	11.8
Mornaguia1	3.7	3.5	7	2.8
Mornaguia2	28.5	-	12	-

---

[18] http://www.mfcpole.com.tn/template.php?code=128&fils=128&pere=118

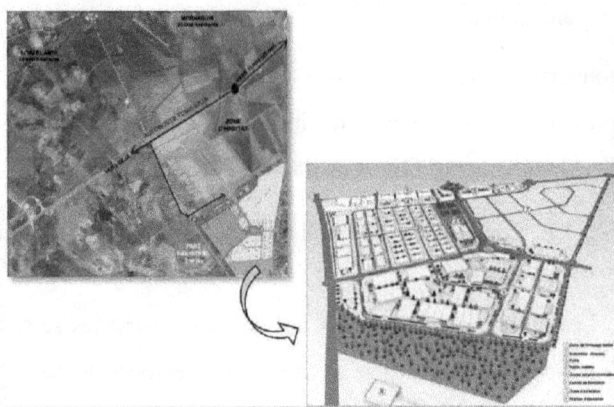

Figure 57. Parc industriel projeté à El Fejja

Source : Atlas du gouvernorat de La Manouba (2010)

❖ Un paysage industriel péri-urbain dont les composantes sont caractérisées par une architecture simple et de faibles volumétries qui dépendent de type d'industrie qu'elle produisent.

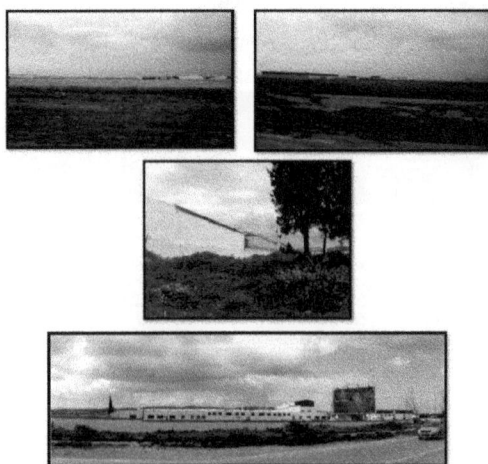

Figure 58. Planche du paysage industriel au gouvernorat de La Manouba

Figure 59. Carte schématique de la localisation des zones industrielles et leur dynamique d'implantation

2.6.2. Impact spatial de l'évolution industrielle :

Un étalement spatial de l'urbanisation et un glissement des différentes fonctions de la ville de Tunis ont contribué à la métropolisation du grand Tunis, ce phénomène qui a bien évidemment concerné l'activité industrielle, se manifestait par un redéploiement industriel engendrant l'industrialisation des zones rurales comme El Fejja. Cette installation des activités industrielles dans les zones périphériques se traduit par un changement de paysage urbain ainsi que par le mitage de l'espace agricole. Cette industrie **péri-urbaine** a fait reculer l'espace agricole et est occupée par des établissements industriels et par des logements générés par ces activités. Cette dernière doit son dynamisme aux différentes opportunités qu'elle tire de sa proximité de la capitale.

2.7. Le paysage linéaire:

Le gouvernorat de La Manouba est doté d'un réseau de transport riche qui lui confère une fonction noeudale entre le Grand Tunis et le Nord-Ouest.Ce réseau par ses composantes constitue la vitrine privilégiée du pays.

Figure 60. Vue Nord- est du paysage ferroviaire à Jedaida

2.7.1. La ligne ferroviaire :

Le gouvernorat de La Manouba est traversé par une ligne de chemin de fer, qui se dérive au niveau de la ville de Tebourba en 2 axes le premier se dirige vers Mateur et le deuxième vers Béja. Cette ligne a une grande importance, surtout qu'elle a des stations au niveau des plus importantes villes du gouvernorat. Son ouverture remonte au 24 juin 1878. Les gares de La Manouba jouent un double rôle : des gares des voyageurs et des marchandises.

2.7.2. La ligne de métro :

A partir de 1985, le métro léger qui est une forme d'infrastructure entre le tramway et le train, est devenu une des composantes du paysage urbain de la ville de Tunis dont la ligne « 4 » est prolongée vers Den Den en 1997. Depuis octobre 2009, l'intégration du métro léger dans la ville de La Manouba pour la desserte du campus universitaire a généré une dynamique d'urbanisation linéaire au dépond des terres agricoles et qui est toujours en cours comme illustré ci-dessous :

Figure 61. La ligne de métro est u cœur de l'urbanisation

Figure 62. Photo aérienne de la commune de La Manoub en 1988 avant l'intégration de la ligne de métro n°4

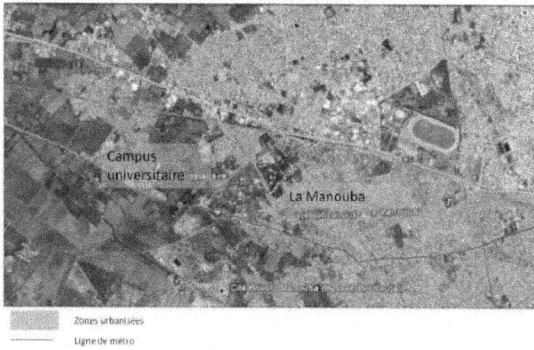

Figure 63. Image satellite Google earth de la commune de La Manouba en 2011 après l'intégration de la ligne de métro n°

2.7.3 L'autoroute A3 :

Ouverte en juillet 2005, l'autoroute (A3) longe le gouvernorat de l'Est l'ouest et traverse le paysage agraire du gouvernorat. L'autoroute Tunis/Medjes El Beb-Oued Zarga est une autoroute de liaison s'inscrivant dans le cadre de l'autoroute de l'unité maghrébine qui lierait les différents pôles administratifs de l'union du Maghreb Arabe à savoir : Nouakchott, Ribat, Alger, Tunis et Tripoli. Cette autoroute s'étendra sur 7400 km dont 1790 pour la Libye, 870 pour la Tunisie, 1332 pour l'Algérie, 2940 pour le Maroc et 470 pour la Mauritanie

Figure 64.L'autoroute A3 en fin de chantier

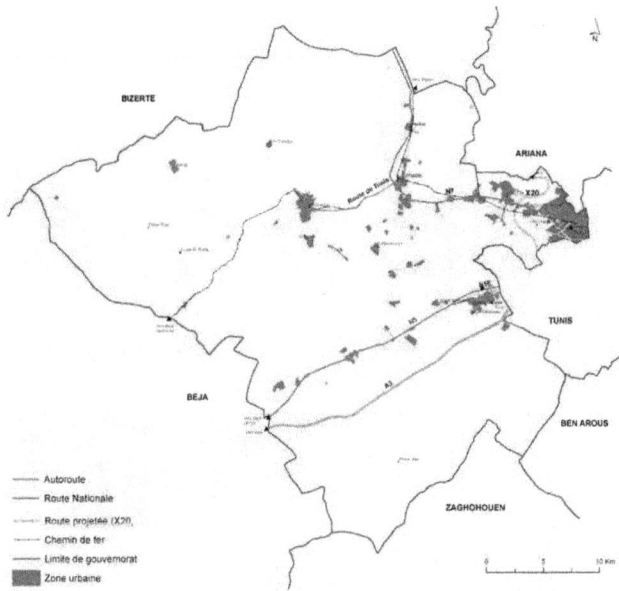

Figure 65. Carte des principaux réseaux linéaires du gouvernorat de La Manouba

2.7.4. Paysage routier :

Figure 66. Aménagement routier en perspective est un obstacle pour l'appréhension du paysage

Figure 67. Les cyprès étroitement attachées forment un obstacle paysager

Figure 68. Une alternance de l'ouvert et le fermé dans les aménagements routiers

Figure 69. Des fenêtres considérées comme des percés qui cadrent des séquences paysagères

Figure 70.transparence végétale formée par des espèces caduques et par des cyprès permettant de voir l'arrière pays

Figure 71. Des fenêtres considérées comme des percés qui cadrent des séquences paysagères

Paysage ferroviaire à L'Aroussia

Exemple de paysage
d'infrastructure à La Manouba

Paysage ferroviaire à Borj Ettoumi

Figure 72. Planche représentative du paysage linéaire au gouvernorat de La Manouba

2.8. Paysage archéologique :

Le gouvernorat de La Manouba est une matrice génératrice de paysage, mise à part
sa richesse agraire, il est doté de plusieurs sites archéologiques qui mettent en
évidence les dynasties que ses habitants ont vécues. Ces sites représentent des points
forts pour le gouvernorat néanmoins ils sont peu connus et rarement visités.

Figure 73.Site archéologique à Borj El Amri

Figure 74.Aqueduc Romain à Sanhaja

Figure 75.Nécropole à Borj El Amri

2.9. Paysage aérien:

Il est difficile de ne pas remarquer que le paysage aérien est en changement perpétuel tantôt en mouvement, tantôt immobile. Ses différentes visages se croisent à différentes scènes paysagères terrestres mutuellement influencés.

L'avion marque le territoire manoubien et son paysage aérien en mouvement.

Figure 76.Exemple de paysage aérien à Borj El Amri

Les mats hertziens, refuges pour des espèces faunistiques, eux aussi représentent une autre figure du paysage aérien.

Figure 77. Un paysage aérien à La Mornaguia

Si les réseaux on été enfouis dans certaines communes, ils s'imposent encore dans de nombreux paysages, urbains ou naturels. Là où leur densité est excessive, ils peuvent porter atteinte à la qualité paysagère et urbaine.

Figure 78. Les lignes de hautes tensions associées au canal d'irrigation par gravité cadrent des séquences paysagères

Figure 79.L'impact des mats hertziens sur la perception des paysages à Borj Ettoumi

En synthèse, cinq valeurs paysagères clés fondent la qualité et le caractère des paysages du gouvernorat de La Manouba : **le bâti, le parcellaire, les pentes, l'eau et la forêt**. Il s'agit de valeurs culturelles, fondées sur leur reconnaissance partagée par les habitants du territoire et par ses visiteurs.

Quatrième chapitre : la charte paysagère-le projet paysage

Une matrice génératrice de paysage, le gouvernorat de La Manouba est doté de cinq fortes entités paysagères. Une intervention à l'échelle du territoire devient du fait, nécessaire pour faire révéler ces potentialités et faire face à une défiguration prévisionnelle du territoire manoubien. Dévoiler ses horizons paysagers et soigner ses handicaps est une démarche que nous adoptons au sein d'une politique de paysage appliquée sur le territoire du gouvernorat. Comment sera-t-elle cette intervention paysagère pour lui révéler sa valeur ?

1. Les directives paysagères :

Cette politique que nous adoptons dans notre démarche est le fruit de l'inventaire des unités paysagères et de l'analyse approfondie de l'évolution spatio-temporelle et socio-culturelle du territoire manoubien durant les années passées.

Le gouvernorat de La Manouba est donc, doté d'un potentiel paysager naturel, agricole et d'aménagement qui pourra être exploités dans une logique de charte paysagère.

Une visite pour le gouvernorat ne pouvait pas être passagère et banale, elle devait exprimer le passage de l'étendu au fermé, de l'ouvert (paysage agraire) au couvert (paysage forestier, urbain) et de sentir et vivre le paysage splendide de l'eau. C'est par la projection **des corridors vert et bleu**, les **coulées vertes** et les **franges paysagères urbaines** que cette **transition** sera assurée. Ces propositions vont affirmer les horizons paysagers qui soulignent le territoire manoubien et qui constituent les piliers de notre parti d'aménagement.

Dans ce qui suit nous allons traiter chaque entité paysagère à part.

2. Le projet paysage :

2.1. Les contraintes paysagères :

Une bonne compréhension d'un territoire et la réflexion à ses contraintes paysagères pourrait garantir une intervention paysagère réussite et proposer ainsi des aménagements adéquats.

♦ Des entrées des villes à caractères confus :

Le gouvernorat de La Manouba est typiquement agraire, son tissu urbain forme un essaimage dont les entrées des villes sont marquées par des établissements humains éparpillés qui constituent des franges agro-urbaines au sein de l'étendu agraire.

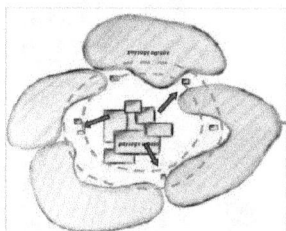

Frange de transition agro-urbaine

Figure 80. Schéma récapitulatif du processus d'étalement des villes du gouvernorat de La Manouba

Figure 81. Entrée de la ville de Tebourba

♦ La banalisation des espaces urbains est une réalité tangible qui concerne autant des villages et des villes, c'est avant tout une tendance à perdre leurs singularités locales qui est observables à la fois sur le bâti récent, au traitement architectural et dans les espaces publics.

Parfois des négligences aux règlements d'urbanismes ont provoqué la naissance des tissus urbains compacts où la circulation devient difficile à cause de ses ruelles, de ses impasses et la forte densité des populations. Par ailleurs, la naissance des quartiers spontanés dégrade l'image paysagère des tissus urbains.

Figure 82. Campement des nomades sur les bords des routes à Tebourba

Figure 83. Une rue d'un quartier à Douar Hicher montre des constructions qui s'élèvent en hauteur

Figure 84. Difficulté de passage dans les rues des quartiers spontanés

Figure 85. Exemple de quartier spontané à Tebourba

Figure 86. Construction anarchique à Douar Hicher

♦ Un patrimoine agricole parfois dévalorisé :

Le gouvernorat de La Manouba est connu depuis jadis par ses riches potentiels agricoles, néanmoins ce patrimoine souffre dans certains cas de problème de dévalorisation et le rend moins attractif ceci met en cause :

-Des friches en premier plan. Ces friches sont dûes aux terrains abandonnés, vraie semblablement public, en attente d'intervention.

Figure 88. Paysage agraire dégradé suite à la présence d'une zone en friche à Tebourba

-     Des obstacles visuels empêchant l'appréhension des horizons agraires

Figure 89. Des mûrs végétaux constituent une barrière visuelle

Figure 90.Série de graminées qui coupe le champ de vision vers l'étendu

◆ Les emprises ferroviaires ouvrent sur plusieurs paysages en friche :

La révision des paysages linéaires dans certaines séquences paysagère est nécessaire, ces réseaux jouent un rôle important dans la liaison entre la ville de Tunis et le gouvernorat de La Manouba, mais aussi dans la perception et la découverte de ses paysages. Ces paysages sont les vitrines de chaque ville qu'on devrait prendre en considération.

Les voies ferrées rencontrent des problèmes liés à l'image vieillissante de certains secteurs situés à leurs abords qui risquent de perdre leurs attractivités. En outre ces lignes marquent des ruptures entre les villes à proximité que par conséquent un aménagement des transitions paysagères est indispensable.

Figure 91. La voie ferrée passe par des habitations et coupe les axes routiers

Figure 92. Le pont s'ouvre sur un paysage ferroviaire dégradé à l'entrée de la ville de La Manouba

Figure 93.Réseau ferroviaire à double fonction à Borj Ettoumi

Figure 94.Réseau ferroviaire à double fonction à La Manouba

- Le métro leger au cœur de la ville

Figure 94.Station du métro léger à la Manouba

-Déviation de la pratique commerciale d'une référence rurale à un commerce pure et simple. Cette dynamique était à l'origine du fleurissement d'un commerce anarchique qui s'est rendu compte de l'assoiffe des citadins aux produits agricoles frais. En effet le patient n'achète plus de l'agriculteur.

Figure 95.La vente des produits locaux qui représentent une référence agricole pour le gouvernorat de La Manouba

Le commerce pur et simple des produits non locaux

♦ Un paysage archéologique dégradé et sous-estimé :

Le gouvernorat de La Manouba doté d'un patrimoine archéologique qui s'ajoute à ses favoris pour construire ses équités paysagères. Une prise de conscience de cette richesse et des actions de réhabilitations et de conservations les valoriseront encore plus.

Figure 97.Nécropole délaissé à Borj El Amri et proche des zones d'habitations

Pas loin de la ville de Tebourba (Thuborbus), à 10 km se dresse Djebel Lansarine qui porte des ruines de la cité antique de Uzali Sar de l'époque romaine, installée à proximité d'une source. Ici, la présence de l'homme remonte loin dans le temps, Ces vestiges datent de l'époque protohistorique.

Figure 98. Djebel Lansarine est un support de repères historiques

Nous pouvons le considérer comme composante du paysage linéaire traversant le gouvernorat, l'aqueduc romain enjambe les piémonts de Djebel Sanhaja dans l'indifférence générale de ses citoyens et responsables. Toutefois, il résiste tant bien que mal à l'effet du temps pour témoigner de la valeur du patrimoine historique de La Manouba.

Figure 99. Les vestiges de l'aqueduc romain, la route de l'eau passait par la Manouba

♦ Un patrimoine aquatique non accessible et péjoratif pour l'image de l'eau dans le gouvernorat :

Appartenant à la BVM, les autorités donneraient peu d'importance à cet atout que possédait le gouvernorat de La Manouba ce qui réduisait l'image paysagère de l'eau et son impact sur le territoire. En effet, les fonds des vallées, les berges des oueds, la dégradation de la qualité paysagère de leurs chemins tendent à brouiller l'image paysagère de l'eau à La Manouba.

Figure 100. Lit d 'Oued à Hbibia devenu un lieu de décharge sauvage

Figure 101. Canal d'eau détruit à Hbibia

Figure 102. Paysage dégradé d'Oued El Ouja à Borj El Amri

Figure 103. Stagnation de l'eau à Oued El Ouja à Borj El Amri

Un dessèchement des canaux ou des oueds provoque des nuisances visuelles et dégradations des conditions de vie surtout s'ils se trouvaient à proximité des zones urbaines et sont fréquentés quotidiennement par les citoyens.

Figure 104. Entrée du barrage à Chouigui en ruine

♦ Un patrimoine forestier non accessible, non sécurisé et mal exploité:

Figure 105. Forêt non accessible depuis la route de Tebourba

Figure 106. Forêt dégradée

♦   Un déficit en parc urbain :

Le gouvernorat de La Manouba compte seulement un parc dit« **urbain** ». Il se situe dans la zone **rurale** de la ville de Tebourba plus précisément à Djebel Mayana. Ce parc a été conçu pour plaire ses visiteurs et leur permettre de jouir la richesse de la nature. Néanmoins, il semble se détacher de la vocation agraire du gouvernorat de La Manouba

Figure 107.Parc urbain à Djebel Mayana dont les composantes installées à l'entré empêche l'appréhension du paysage agraire environnant

♦ Un paysage industriel en péril :

Les industries du gouvernorat de La Manouba sont classées parmi les industries non polluantes. Toutefois, elles causent des pollutions visuelles dans le sens où elles créent des ruptures dans la continuité du paysage agricole, voir urbain. Cette dégradation paysagère est d'autant plus importante que les infrastructures industrielles ne sont jamais (si ce n'est rarement) accompagnées de mesures d'intégration paysagère dans le tissu environnants. Les études d'impact paysager de ces zones industrielles et leurs recommandations restent souvent lettre morte et ne sont jamais suivies de mesure concrètes sur terrain.

Figure 108.Paysage industriel dégradé : rejets sur les bords des routes à Mornaguia

♦ Un patrimoine naturel non valorisés dont la fonction est détournée:

Parmi les ressources naturelles dont dispose le gouvernorat de La Manouba, on cite les carrières qui, en fin d'exploitation, se transforment en plaies altérant le paysage collinaire manoubien. Peu de mesures sont prises pour réhabiliter ces carrières, malgrè une législation qui prévoit un plan de réhabilitation avant même

le début de l'exploitation. Ces espaces devenues sans affectation, sont squattés par des nomades qui s'y sédentarisent par des moyens rappelant les bidonvilles.

Campement des nomades

Figure 109.Carrière de sable désaffectée à Saida (commune d'Oued Ellil)

Stratégie d'intervention :

L'étude d'une charte paysagère conduit à comprendre le degré d'investissement des hommes dans leurs territoires. Ce sont ces dynamiques spatiales qu'il convient de prendre en compte dans la réflexion sur les orientations futur du territoire.

Dans le présent travail, on doit présenter les principaux axes de développement territorial tout en maintenant l'identité paysagère spécifique propre à chaque entité. De ce fait, une mise en œuvre des plans de paysages répondra aux enjeux proposés dans l'élaboration du projet paysager.

3.1. Le paysage urbain :

Pour rendre le paysage urbain plus viable et en harmonie, on optera pour une stratégie essentiellement intégrative des tissus urbains avec leur paysage environnant et à l'intérieur même de ces tissus.Pour leur singularité locale, le choix de créer un référent architectural donnerait la possibilité de distinguer facilement le gouvernorat de La Manouba.

Figure 110. La ville de Tebourba vue de ciel : Exemple de tissu urbain au gouvernorat de La Manouba

3.2. Le paysage agraire :

Le paysage agraire est une composante identitaire pour le gouvernorat de La Manouba. Pour sauvegarder cette 'identité il faut :

- ➢ Eviter le grignotage des parcelles agricoles par l'urbanisation,
- ➢ Soigner le morcellement des terres agraires et se diriger vers le remembrement des terres agricoles,
- ➢ Faire face à la dégradation de la qualité paysagère agricole,
- ➢ Profiter de ce patrimoine pour un développement national.

3.3. Le paysage linéaire :

Certes les infrastructures linéaires jouent un rôle important dans le développement économique des gouvernorats, leur qualité paysagère dépend étroitement de ce qu'elles donnent à voir du territoire.

La première qualité d'une route, d'une autoroute ou d'une voie ferrée sera donc de montrer, de révéler les paysages qu'elles traversent, à travers leurs horizons. Des aménagements seront la pierre de touche, le premier niveau de toute qualité paysagère. Si, en outre, elle s'attache à suggérer et à symboliser ce qu'elle ne peut physiquement montrer, elle atteindra alors un niveau de qualité supérieure.

Une bonne infrastructure, de qualité paysagère dépendra de son image territoriale. Pour la garantir, on optera pour :

- ➢ L'intégration paysagère des lignes routières et ferroviaires,
- ➢ dégager les horizons paysagers valorisants du territoire, qu'ils soient naturels, culturels ou même imaginaire (exemple : route de l'eau) et ce par des mesures de cadrage, de signalisation et de suggestion.
- ➢ Protéger les riverains du train et le train des riverains le long des séquences urbaines du passage du train dans ce territoire. Ces séquences présentent des problèmes de sécurité surtout mais aussi d'image que les voyageurs

mémorisent de l'urbanisation anarchique qu'ils traversent. Inverser ces images ou du moins les occulter par des mesures adéquates sera nécessaire.

3.4. Le paysage de l'eau :

Une des principales composantes du patrimoine paysager du gouvernorat de La Manouba est l'eau. Cet élément naturel source de vie, de qualité environnementale et paysagère, duquel dépend l'agraire du territoire manoubien, risque de se dissiper.

Pour éviter ce risque on doit :

➢ Réconcilier l'eau avec la nature dans ses différentes formes,
➢ Le rendre plus accessible au public,
➢ Tirer au plus profit de cet atout environnemental.

3.5. Le paysage industriel :

Bien qu'elles soient non polluantes, les zones industrielles du gouvernorat de La Manouba posent la problématique paysagère et gagneraient en qualité environnementale. Pour remédier à ce problème, on optera pour :

➢ Contrôler les décharges,
➢ Le recyclage des déchets,
➢ Un aménagement durable des futures zones industrielles,
➢ L'intégration paysagère dans les zones urbaines et agraires.

3.6. Le paysage archéologique :

L'histoire du gouvernorat de La Manouba date depuis l'antiquité. La succession des différentes civilisations sur son territoire est marquée par des édifices spécifiques pour chacune.une telle richesse patrimoniale devrait être valorisée par :

➤ La réhabilitation des vestiges archéologiques,
➤ Intégrer les monuments historiques dans une politique de développement de territoire,
➤ Les protéger de dégradation,
➤ Proposer des aménagements paysagers pour des sites archéologiques ayant une importance nationale.

4. Les recommandations :

Ils consistent à traduire les orientations paysagères de la charte et proposer des axes de développement plus ciblés et spécifiques à chaque entité paysagère. Pour enfin produire un document de référence accessible au responsable et au public et mettre en action les enjeux de la charte à travers les plans de paysage.

4.1. Le paysage urbain :

▪ Une intégration paysagère des îlots urbains à leurs environnants se fait par un aménagement adapté des interfaces agro-urbaines en ceintures vertes auront pour fonction des lisières urbaines et des transitions paysagères vers le paysage agraire.

▪ Pour homogénéiser le territoire, toute future urbanisation doit respecter l'idée d'essaimage.

• L'adoption d'un style architectural local dont les référents sont appropriés par la population telle l'utilisation des tuiles rouges et la formes des chapelles, la reprenne de l'architecture des palais beylicaux pour des constructions futures, s'ils dégagent un consensus, distingueront le gouvernorat de La Manouba.

- Le respect des documents d'urbanismes et la révision des habitats spontanés, le soin à apporter aux entrées des villes et leurs artérialisations adéquates vont empêcher une dégradation réelle et prévisionnelle des qualités paysagères des villes.

- Ouvrir les axes urbains vers les horizons du gouvernorat : les djebels, l'agriculture...

- Adopter l'agriculture urbaine dans la planification des futurs espaces urbains ce qui serait en continuité avec le caractère agraire de leur territoire.

Figure 111. Ouverture des axes des villes vers les horizons paysagers du gouvernorat de La Manouba et le respect des documents d'urbanisme

Figure 112. Soignement des artères des villes et la mise en valeur les horizons paysagers

4.2. Le paysage agraire :

Le gouvernorat de La Manouba est un territoire largement agricole au bénéfice du cadre de vie et d'attractivité touristique non exploités. La politique agricole constitue un levier déterminant des caractéristiques paysagères. Les mesures d'accompagnement de la politique agricole, telles que les mesures agri-environnementale, agri-économique permettent de mieux prendre en compte la protection et la mise en valeur des paysages agricoles. On doit donc repenser aux fonctions multiples de ce patrimoine et les mettre plus en valeur.

- Pour sa fonction esthétique, on doit :
  - Interdire toute construction pour le maintien de l'ouverture de ses horizons agricoles
  - Restructurer les haies quand il y en a pour marquer le parcellaire agraire
  - Eviter la multiplication des accès aux terres agricoles qui aboutissent a leurs morcellements.
- Pour sa fonction environnementale et durable : l'espace agricole participe à la qualité environnementale du territoire tant qu'il est considéré un espace vert ouvert à caractère durable.
- Pour sa fonction économique, on doit intégrer l'agritourisme dans les politiques territoriales du gouvernorat de la Manouba. Ceci sera possible par :
  - la reconquête des fermes délaissées en :
    - Fermes d'hébergement dites « gites ruraux » qui seront crées dans des villages à production spécifique tel que Chouigui pour la culture des vignes et Borj El Amri pour la céréaliculture.
    - Fermes pédagogiques et de découverte
    - Fermes équestres

Figure 113.Club équestre à Borj El Amri

🔸 Par l'animation autour des saisons de récolte : organisation de goûters des produits du terroir, de campings à la ferme et la participation aux activités agricoles et aux manifestations rurales en fonction des saisons.

Figure 114.Proposition d'intégrer un parcours cycliste qui longe le canal d'irrigation par gravité sur tout le territoire du gouvernorat de La Manouba

Figure 115.L'étendu des horizons agraires

4.3. Le paysage linéaire :

Le réseau linéaire constitue une fenêtre sur le territoire du gouvernorat. Pour en assurer la meilleure image, quelques interventions paysagères sont recommandées et qui dépendent de la nature du réseau. Qu'ils soient routiers autoroutiers ou ferroviaires, une démarche d'insertion paysagère permettra de

101

les intégrer dans le paysage voir même de les faire porter le paysage. Quand la route devient le paysage c'est qu'elle en porte des référents paysagers ou qu'elle en donne à voir en suggérant les horizons naturels, culturels et imaginaire du territoire du gouvernorat. Ils sont plus que des axes de transports. Ils constituent des milieux de vie que des interventions paysagères satisferont les besoins pour créer l'image du gouvernorat.

Figure 116.les axes routiers donnent à voir un horizon naturel

Figure 117.Dans ce cas la route donne à voir un horizon culturel à partir des percés

Figure 118. La mise en valeur d'un référent territoriale du gouvernorat de La Manouba : une intégration
paysagère de la ligne ferroviaire et l'aqueduc Romain

Une intégration paysagère du linéaire à l'espace est indispensable mais aussi au territoire dont ce que le mot territoire comporte du culturel et identitaire.à titre d'exemple on cite les propositions d'insertion paysagère de l'autoroute A3 réalisé par Ahlem SOUILEM dans le cadre de son projet de fin des études.

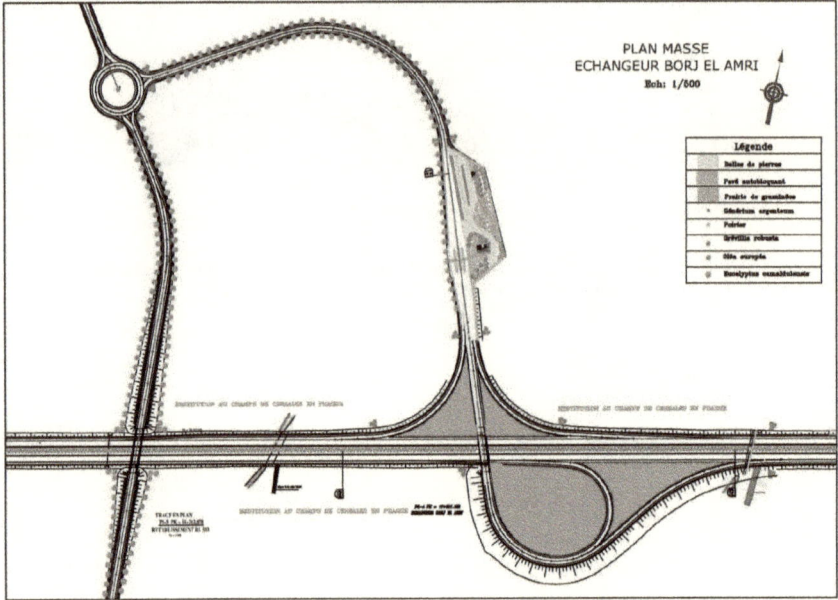

Figure 119. Proposition d'aménagement de l'échangeur de Borj El Amri sur l'autoroute A3 (PAR Ahlem Souilem)

Figure 120. Travaux de chantier de l'autoroute A3

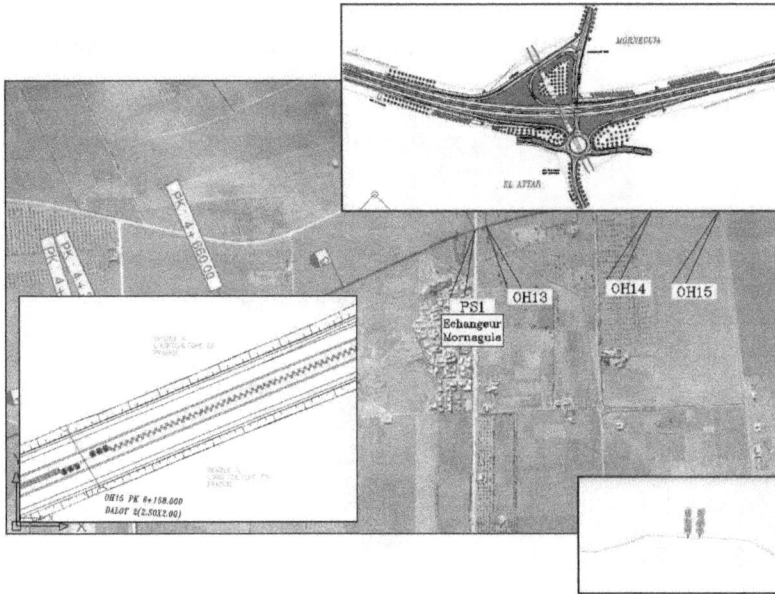

Figure 121. Proposition d'aménagement de l'échangeur d'El Mornaguia sur l'autoroute A3 (par Ahlem Souilem)

4.4.   Le paysage de l'eau :

L'eau, un des quatre éléments constituant les paysages et permettant de les valoriser, est très présente dans le gouvernorat de La Manouba,notamment à travers le passage du premier fleuve de la Tunisie « La Madjerda » et de ses affluents et des différentes retenues qui les ponctuent. Ce paysage de l'eau n'est malheureusement pas valorisé voir même ignoré. Afin de le mettre en valeur, des actions sont proposées telles que:

- L'aménagement de promenades et des aires de repos sur les berges de La Medjerda pour faire profiter les citoyens de son paysage et de celui du territoire forestier et agricole qu'elle traverse et qu'elle explique.

- généraliser et régulariser les opérations de curage des lits d'oueds à écoulement non permanent notamment lorsqu'ils traversent des zones d'habitats, si non, ils deviennent source de nuisance visuelle et de pollution,

- Aménager et sécuriser les accès qui mènent à ce patrimoine.

Figure 122. Proposer une promenade le long des oueds à écoulement permanent notamment pour La Medjerda

Figure 123. Des opérations de curage des lits des oueds éviteront toute nuisance au paysage environnant

Figure 124. Une promenade sur les rives de L Medjerda sera une occasion pour contempler le paysage identitaire du gouvernorat de La Manouba

Figure 125. Le réaménagement des forêts permettra à leurs visiteurs de jouir leurs fraîcheurs et la splendeur de l'eau

4.5. Le paysage industriel :

Pour une qualité paysagère des ambiances industrielles, on doit :

- Maintenir la simple volumétrie des établissements industriels et l'intégrer dans le paysage par un aménagement paysager,

- Interdire toute activité industrielle polluante pour préserver la qualité environnementale du gouvernorat,
- Garder les zones industrielles en périphérie des villes,
- Programmer des zones de décharges spécifiques pour les déchets industriels.

Figure 126. Parc industriel des Gaulnes à HQE. à Lyon

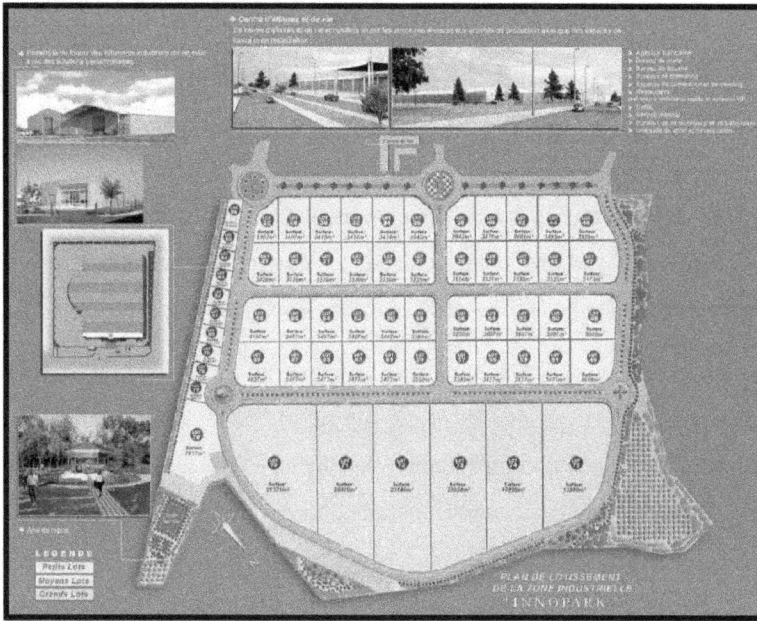

Figure 127. Exemple de parc industriel aménagé à El Agba

4.6. Paysage archéologique :

Une valorisation du paysage archéologique pourrait se faire par :

- L'aménagement des sites archéologiques délaissés,

- la création d'un circuit touristique guidé reliant les principaux monuments découverts jusque là,

- l'amélioration de la signalisation du patrimoine archéologique

Conclusion

Le paysage est une exigence de qualité pour le territoire manoubien. Cette qualité n'est obtenue que suite aux séries de plans d'action qui respectent les enjeux définis par la charte paysagère.

L'analyse paysagère du gouvernorat de La Manouba a montré ainsi un territoire riche en termes d'entités paysagères mais qui présente des insuffisances qui, à travers la charte de paysage, que nous proposons pourraient être comblées.

Cette action n'est pas un aboutissement ou une fin en soi, mais marque bien l'engagement dans une nouvelle étape. En effet, cette charte est pour tous : collectivités, aménageurs, agriculteurs, habitants, l'occasion d'une prise de conscience. Elle doit être également la marque d'une volonté de changement dans nos aménagements ou pratiques quotidiennes afin que chacun puisse se sentir fier de son territoire et de ses paysages.

Il est essentiel que la protection et la mise en valeur du paysage deviennent un objet de concertation: institutions, entreprises, professionnels. Les citoyens doivent arbitrer, en toute connaissance de cause, les orientations régionales et locales en matière de paysage : le paysage doit se construire sur la base d'une entente collective. Une sensibilisation du citoyen peut être le gage de la réussite d'une gestion qualitative de son cadre de vie puisqu'il est le premier utilisateur et gestionnaire de son territoire.

Epilogue

Il n'existe pas de recette unique pour valoriser le paysage en tant que catalyseur du développement, mais au contraire, chaque territoire, chaque collectivité doit mettre en place les outils qui conviennent le mieux aux acteurs impliqués, aux moyens disponibles et aux caractéristiques du territoire concerné.

Nous tenons à préciser que la démarche de charte paysagère n'existe pas encore en Tunisie et n'a, jusqu'à ce jour, jamais été adoptée par les collectivités locales pour repenser, autrement, l'aménagement de leur territoire dans une perception de développement durable.

La présente charte paysagère est ainsi, une première tentative de restructuration d'un territoire singulier qui est celui de La Manouba. Ainsi, cette première charte paysagère ne prétend pas servir de modèle, mais plutôt d'expérience pouvant inspirer d'autres acteurs et décideurs dans leur souhait d'insérer la notion du paysage et de nature dans leurs politiques d'aménagement du territoire dont ils sont les garants de sa qualité, de son image comme de son avenir.

Les plans de paysage, les chartes et les contrats sont l'expression d'un projet partagé entre les acteurs du territoire. En définissant des objectifs de qualité paysagère, déclinés en interventions, ils offrent le cadre pour l'action, qu'elle soit réglementaire, opérationnelle, financière ou pédagogique. Comme outils de mise en espace de projets de territoire, les plans de paysage, les chartes et les contrats sont autant de signes d'émergence d'un développement durable parce que réfléchi.

Liste des figures

Figure 1.schéma synthétique des étapes d'élaboration de la charte paysagère pluricommunale 11

Figure 2. Palais Kobbet Ennhas à La Manouba 17

Figure 3. Ancien Palais arabe à La Manouba 17

Figure 4. Carte du découpage administratif du gouvernorat de la Manouba et ses limites 19

Figure 5. Carte des pentes du gouvernorat de La Manouba 22

Figure 6. Carte de diversité pédologique du gouvernorat de La Manouba 23

Figure 7.Carte du couvert végétal du gouvernorat de La Manouba 25

Figure 8.Carte de répartition des périmètres irrigués dans le gouvernorat de La Manouba par type 27

Figure 9.Histogramme de répartition des périmètres irrigués par type dans le gouvernorat de La Manouba. 27

Figure 11.Carte des nappes phréatiques du gouvernorat de La Manouba 29

Figure 12. Canal d'eau déversé du barrage Laaroussia 29

Figure 10.. 29

Figure 13.Barrage El Battan 30

Figure 14.Histogramme du taux d'exploitation agricole du gouvernorat de La Manouba dans le grand Tunis
.... 31

Figure 15.Histogramme de répartition des terres agricoles par gouvernorat dans le Nord-est de la Tunisie .. 32

Figure 16. La ville de Tebourba dans les années 50 34

Figure 17.Enveloppe urbaine de la ville de Tunis en 1945 35

Figure 18.Enveloppe urbaine de la ville de Tunis en 1975 35

Figure 19.Enveloppe urbaine de la ville de Tunis en 2000 36

Figure 20.Carte du relief et hydrographie du gouverorat de La Manouba 40

Figure 21.Les buttes d'oliviers à Tebourba 42

Figure 22.Vue Nord-est des chaînons des Djebels 42

Figure 23.Vue Sud-ouest de Djebel Mayana à Tebourba 43

Figure 24.Des éléments végétaux qui renforcent l'effet d'horizontalité des plaines 44

Figure 25.La variation de la même scène paysagère au fil des saisons 44

Figure 26.Champs fleuri à Tebourba 45

Figure 27.Plaine de céréale à Borj El Amri 45

Figure 28.Entrée de la forêt de Djebel Mayana à Tebourba 47

Figure 29.Planche de répartition du patrimoine forestier au gouvernorat de La Manouba 47

Figure 30.Carte du réseau hydogéologique du gouvernorat de La Manouba 48

Figure 31. L'eau est une artère vitale et un élément naturel essentiel pour une nature équilibrée dans le
gouvernorat de La Manouba 49

Figure 32. Eau archéologique 50

Figure 33.Eau forestière 50

Figure 34.Canal d'irrigation par gravité 50

Figure 35.Eau agraire du barrage El Mornaguia 50

Figure 36.Eau agraire du barrage Laaroussia 50

Figure 37. Eau du barrage à Chouigui 50

Figure 38.Urbanisation qui s'étend depuis les plaines jusqu'aux pieds des collines 51

Figure 39.Les axes de la ville d'Oued Ellil s'ouvrent sur les Djebels patrimoniaux du gouvernorat de La Manouba 51

Figure 40.Des habitats isolés sur les flancs des collines 52

Figure 41.Construction type des maisons de villégiature à Saida 52

Figure 42.Construction type au village Chouigui 52

Figure 43.Planche d'évolution des tissus urbains du gouvernorat de La Manouba durant la période 1984-2009 54

Figure 44. 56

Figure 45.Schéma explicatif de la dynamique urbaine à l'échelle des communes du gouvernorat de La Manouba 57

Figure 46.Carte représentative de la répartition des masses urbaines par rapport au reste du territoire du gouvernorat de La Manouba 58

Figure 47.Planche des différentes pratiques culturales du paysage agraire au gouvernorat de La Manoub ... 60

Figure 48.Vue Sud-ouest à Saida montre un paysage agraire en mosaïque 60

Figure 49.La multitude des haies renforcent l'aspect morcelé du paysage agraire 61

Figure 50.Deux figures pour la même scène qui varie selon les saisons (du mois de Novembre jusqu'au moi d'Avril) 61

Figure 51.Le polymorphisme du paysage agraire selon les saisons (une variation du mois d'Avril jusqu'au mois de Mai) 62

Figure 52.Vue générale Ouest des vignobles du village Chouigui 63

Figure 53.La bénédiction de la cloche d'église à Chouigui 63

Figure 54.Planche explicative de la répartition agricole sur le territoire du gouvernorat de La Manouba en 1984 64

Figure 55.Carte d'occupation du sol du gouvernorat de La Manouba 65

Figure 56.Evolution des espaces cultivés sur les rives de La Medjerda auprès du barrage El Battane depuis le XVIIème siècle jusqu'au XXIème 66

Figure 57.Parc industriel projeté à El Fejja 68

Figure 58.Planche du paysage industriel au gouvernorat de La Manouba 68

Figure 59.Carte schématique de la localisation des zones industrielles et leur dynamique d'implantation 69

Figure 60.Vue Nord- est du paysage ferroviaire à Jedaida... 70

Figure 61.La ligne de métro est u cœur de l'urbanisation.. 71

Figure 62.Photo aérienne de la commune de La Manoub en 1988 avant l'intégration de la ligne de métro n°4
.... 71

Figure 63.Image satellite Google earth de la commune de La Manouba en 2011 après l'intégration de la ligne
de métro n° 71

Figure 64.L'autoroute A3 en fin de chantier... 72

Figure 65.Carte des principaux réseaux linéaires du gouvernorat de La Manouba.. 73

Figure 66.Aménagement routier en perspective est un obstacle pour l'appréhension du paysage 74

Figure 67.Les cyprès étroitement attachées forment un obstacle paysager 74

Figure 68.Une alternance de l'ouvert et le fermé dans les aménagements routiers 74

Figure 69.Des fenêtres considérées comme des percés qui cadrent des séquences paysagères 74

Figure 70.transparence végétale formée par des espèces caduques et par des cyprès permettant de voir
l'arrière pays... 74

Figure 71.Des fenêtres considérées comme des percés qui cadrent des séquences paysagères 75

Figure 72. Planche représentative du paysage linéaire au gouvernorat de La Manouba 75

Figure 73.Site archéologique à Borj El Amri 76

Figure 74.Aqueduc Romain à Sanhaja 76

Figure 75.Nécropole à Borj El Amri 76

Figure 76.Exemple de paysage aérien à Borj El Amri 76

Figure 77.Un paysage aérien à La Mornaguia... 77

Figure 78.Les lignes de hautes tensions associées au canal d'irrigation par gravité cadrent des séquences
paysagères.. 77

Figure 79.L'impact des mats hertziens sur la perception des paysages à Borj Ettoumi 78

Figure 80.Schéma récapitulatif du processus d'étalement des villes du gouvernorat de La Manouba 81

Figure 81.Entrée de la ville de Teboura 81

Figure 82.Campement des nomades sur les bords des routes à Tebourba 82

Figure 83.Une rue d'un quartier à Douar Hicher montre des constructions qui s'élèvent en hauteur............ 82

Figure 84.Difficulté de passage dans les rues des quartiers spontanés... 83

Figure 85.Exemple de quartier spontané à Tebourba 83

Figure 86.Construction anarchique à Douar Hicher 83

Figure 87. Entrée de la ville de Tebourba 83

Figure 88.Paysage agraire dégradé suite à la présence d'une zone en friche à Tebourba.............................. 84

Figure 89.Des mûrs végétaux constituent une barrière visuelle 84

Figure 90.Série de graminées qui coupe le champ de vision vers l'étendu... 84

Figure 91.La voie ferrée passe par des habitations et coupe les axes routiers... 85

114

Figure 92.Le pont s'ouvre sur un paysage ferroviaire dégradé à l'entrée de la ville de La Manouba 85

Figure 93.Réseau ferroviaire à double fonction à Borj Ettoumi 85

Figure 94.Station du métro léger à la Manouba 86

Figure 95.La vente des produits locaux qui représentent une référence agricole pour le gouvernorat de La Manouba 86

Figure 96.Le commerce pur et simple des produits non locaux 87

Figure 97.Nécropole délaissé à Borj El Amri et proche des zones d'habitations 87

Figure 98.Djebel Lansarine est un support de repères historiques 88

Figure 99.Les vestiges de l'aqueduc romain, la route de l'eau passait par la Manouba 88

Figure 100.Lit d 'Oued à Hbibia devenu un lieu de décharge sauvage 89

Figure 101.Canal d'eau détruit à Hbibia 89

Figure 102.Paysage dégradé d'Oued El Ouja à Borj El Amri 90

Figure 103.Stagnation de l'eau à Oued El Ouja à Borj El Amri 90

Figure 104.Entrée du barrage à Chouigui en ruine 91

Figure 105.Forêt non accessible depuis la route de Tebourba 91

Figure 106.Forêt dégradée 91

Figure 107.Parc urbain à Djebel Mayana dont les composantes installées à l'entré empêche l'appréhension du paysage agraire environnant 92

Figure 108.Paysage industriel dégradé : rejets sur les bords des routes à Mornaguia 93

Figure 109.Carrière de sable désaffectée à Saida (commune d'Oued Ellil) 93

Figure 110. La ville de Tebourba vue de ciel : Exemple de tissu urbain au gouvernorat de La Manouba 94

Figure 111.Ouverture des axes des villes vers les horizons paysagers du gouvernorat de La Manouba et le respect des documents d'urbanisme 98

Figure 112.Soignement des artères des villes et la mise en valeur les horizons paysagers 99

Figure 113.Club équestre à Borj El Amri 101

Figure 114.Proposition d'intégrer un parcours cycliste qui longe le canal d'irrigation par gravité sur tout le territoire du gouvernorat de La Manouba 101

Figure 115.L'étendu des horizons agraires 101

Figure 116.les axes routiers donnent à voir un horizon naturel 102

Figure 117.Dans ce cas la route donne à voir un horizon culturel à partir des percés 102

Figure 118.La mise en valeur d'un référent territoriale du gouvernorat de La Manouba : une intégration paysagère de la ligne ferroviaire et l'aqueduc Romain 103

Figure 119.Proposition d'aménagement de l'échangeur de Borj El Amri sur l'autoroute A3 (PAR Ahlem Souilem) 104

Figure 120.Travaux de chantier de l'autoroute A3 104

Figure 121.Proposition d'aménagement de l'échangeur d'El Mornaguia sur l'autoroute A3 (par Ahlem Souilem) 105

Figure 122.Proposer une promenade le long des oueds à écoulement permanent notamment pour La Medjerda.. 106

Figure 123.Des opérations de curage des lits des oueds éviteront toute nuisance au paysage environnant. 106

Figure 124.Une promenade sur les rives de L Medjerda sera une occasion pour contempler le paysage identitaire du gouvernorat de La Manouba... 107

Figure 125. Le réaménagement des forêts permettra à leurs visiteurs de jouir leurs fraîcheurs et la splendeur de l'eau 107

Figure 126.Parc industriel des Gaulnes à HQE. à Lyon... 108

Figure 127.Exemple de parc industriel aménagé à El Agba... 109

Liste des tableaux

Tableau 1. découpage administratif du gouvernorat de La Manouba... 19

Tableau 2. La répartition des terres par leurs fonctions dans le gouvernorat de La Manouba 31

Tableau 3. les différentes zones industrieles dans le gouvernorat de La Manouba 32

Tableau 4. Les caractéristiques des communes du gouvernorat de La Manouba.. 33

Tableau 5. répartition du patrimoine forestier dans le gouvernorat de La Manouba...................................... 46

Tableau 6. Les zones industrielles du gouvernorat de La Manouba... 67

Bibliographie

Ouvrage :

- BURGER Alain ; 1992. L'interprétation des photographies aériennes appliquée aux études d'urbanisme et d'aménagement du territoire, PARIS ; DUNOD 121p.
- DESPOIS Jean ; 1961.La Tunisie, ses régions ; 2ème édition ; 221p.
- PELLEGRIN Arthur. Histoire illustrée de Tunis et de sa Banlieue ; SALIBA-EDITEUR ; 175p.
- ROGER Brunet ; 2004. Le développement des territoires : formes, lois, aménagement ; l'aube interventio ; 73p.

Rapport et études :

- ABDELKAFI Jellal et direction générale de l'aménagement du territoire ; 1999. Etude d'inventaire des paysages naturel de la Tunisie ; rapport de la troisième phase d'étude.
- ABDELKAFI Jellal et direction générale de l'aménagement du territoire ; 2009.Atlas des paysages de la Tunisie.
- CARON François et al ; 1996. L'aménagement du territoire 1958-1974, actes du colloque tenu à Dijon les 21 et 22 « les parcs nationaux » ; Harmattan ; 382p.
- DANARD Christiane et al ; 1985.Démarche paysagère pour l'aménagement des infrastructures de déplacements ;centre d' étude des transports urbains ; 96p.
- District de Tunis ; 1994.Plan d'aménagement de la commune de La Manouba ; ministère de l'intérieur.
- EL MATRI Rami ; 2009. Un paysage ! Des paysages ! Que faisons-nous du paysage marsois ? Un plan paysage (projet de fin des études) ; CHOTT-meriem, ISA-CM.

- FRIKHA Emna ; 2009.Une charte paysagère pour le gouvernorat de Sfax (projet de fin des études) ; CHOTT-meriem, ISA-CM.
- Groupement URBACONSULT, URAM, BRAMMAH ; 1997. Etude du schéma directeur d'aménagement du grand Tunis ; rapport final de 3ème phase, résumé.
- Groupement URBACONSULT, URAM, BRAMMAH ; 2010. Schéma directeur d'aménagement du grand Tunis à l'horizon 2021 ; direction générale de l'aménagement de territoire ; Rapport final.
- Institut national de recherche sur les transports et leur sécurité. Tunis et sa région : dynamique territoriale et mobilités dans la grande périphérie de Tunis ; rapport n°32 ; p39-47.
- Souilem Ahlem, 2005.Insertion paysagère de l'autoroute A3 Tunis Medjez El Beb Oued Ezzarga(projet fin des études CHOTT-meriem, ISA-CM.
- URBACONSULT et direction générale de l'aménagement de territoire ; 2009.Schéma directeur d'aménagement de la région économique du Nord-est, rapport final de 1ère phase, bilan diagnostic orientations générales.
- URBACONSULT ; 2010.Atlas cartographique provisoire. Schémas directeur d'aménagement de la région économique du Nord-est.

Revue :

- BELHEDI Amor. Quelques aspects du développement régional et local en Tunisie ; « Eau et espace dans la basse vallée de Mejerda » in série géographique du centre d'études et de recherches Economiques et Sociales n°20 ; page 101-125.
- CARAMAGNOLLE Marie ; 2010. « spécificités architecturales du Nord-Est tunisien » in Archibat n°21 ;page 100-101.
- EDHIFI nada ; 2010. « Atlas des paysages de Tunisie » in Archibat n°20 ; page 120-121.

Webo-graphie

- GAUTIER Folléa. La charte paysagère et écologique de la CAPE ; http://www.cape27.fr/Upload/medias/charte_paysagere_et_ecologique_cape2.pdf (page consultée le 18/01/2011)

- GAUTIER Folléa. Charte paysagère et écologique, COMMUNAUTÉ D'AGGLOMÉRATION, DES PORTES DE L'EURE LA MARE À JOUY - 27   120   DOUAINS ; http://www.cape27.fr/Upload/medias/charte_paysagere___diagnostic+.pdf(page consultée le 18/01/2011)

- La charte paysagère et écologique ;http://www.cape27.fr/cape-charte-paysagere-ecologique-85.html#paragraphe546(page consulté le 18/01/2011).

- Synthèse   avril2009 ; http://www.mairieconseilspaysage.net/documents/Synthese-charte-paysagere.pdf (page consultée le 18/01/2011).

- Syndicat mixte d'aménagement et de développement. Pour la préservation et la   valorisation   des   paysages ; http://www.paysdebray.org/files/539_Chartepaysagere_Bray76.pdf(page consultée le 18/01/2011).

- Charte paysagère et environnementale des Costières de Nîmes,Quelle articulation avec le SCoT Sud Gard ?,En partenariat avec :Journée Paysage du 24 Octobre 2008, ;http://www.languedoc-roussillon.developpement durable.gouv.fr/IMG/pdf/24_10_2008_CHARTE_SCoT_cle7aaf93.pdf(page consultée le 18/01/2011).

- Les chartes paysagères dans le PNR Livradois-Forez, Jean-Luc MONTEIX (15/12/06) ; http://www3.ac clermont.fr/pedago/environnement/ressources/documentation/paysages/chart_p aysagere_jlm.pdf(mise à jour le 15/12/2006)
- La politique des paysages ... ; http://webissimo.developpement-durable.gouv.fr/IMG/pdf/A728-24_10_2008_Conveuro_Paysage2_cle01e88c.pdf (page consultée le 18/001/2011).
- Groupe de travail de la Fédération des CAUE. CHARTE PAYSAGERE du Pays entre Seine et Bray ; http://www.seineetbray.fr/v2/pdf/charte-paysage-part1.pdf (page consultée le 18/01/2011).
- Groupe de travail de la Fédération des CAUE . Une Charte pour l'architecture, l'urbanisme et les paysages ; http://www.scotbessin.fr/site/ACTUALITE2011/2011_01_docsemaineS1.pdf (page consultée le 18/01/2011).
- Groupe de travail « Paysage et Territoire » de la Fédération des CAUE. Paysage et diagnostics du territoire, http://www.developpement-durable.gouv.fr/IMG/DGALN_Paysage_diagnostic_territoire_2003_FNCAUE -.pdf(page consultée le 20/01/2011).
- La charte paysagère ; **http://www.ennery.fr/webpages/index.aspx?linkid=38&pageid=38-html** (page consultée le 22/01/2011).
- La charte paysagère ; http://payspyreneesmediterranee.org/index.php?option=com_content&view=ca tegory&id=67%3Ala-charte paysagere&Itemid=60&layout=default&lang=fr%20(interressant) (page consultée le 22/01/2011).
- La Charte paysagère, urbaine et architecturale du Pays du Grésivaudan (Isère) ; http://sd-1.archive

host.com/membres/up/38632939066845179/PAU_charte_paysagere_Braoudak
is.pdf

(page consultée le 22/04/2011).

- Une stratégie partagée ; http://www.cc-
pnor.fr/IMG/pdf/strategie_charte_paysagere.pdf (page consultée le
24/01/2011).

- Etude paysagère du plan Garonne ; http://www.eptb-garonne.fr/pages/dossier-
etude-paysagere.htm

- INNOPARK ; http://www.stpi.com.tn/Projet.html(page consultée le
21/06/2011).

- ZAC des Gaulnes ; http://www.serl.fr/index.php/serl/News/ZAC-des-Gaulnes-
nouveaux-projets(page consultée le 21/06/2011).

Table des matières

Liste des abréviations 1

Prologue 2

Introduction 3

Premier chapitre : la charte paysagère notions et outils 5

1. Définition de la charte paysagère : 6

2. Elaboration de la charte paysagère : 6

    2.1. Le cahier 1 « diagnostic et enjeux » : 6

    2.2. Le cahier 2 «le projet paysager » -Orientations : 9

    2.3. Le cahier 3 « boite à outils ».. 10

3. Rôle de la Charte paysagère : 11

4. Utilité juridique de la Charte paysagère : 12

5. Les intérêts de la charte : 13

Deuxième chapitre : présentation du périmètre d'étude 15

1. Origine étymologique : 16

2. Aperçu historique : 16

3. Découpage administratif du gouvernorat de La Manouba : 18

4. Présentation générale du site : 20

5. Milieux physique et environnement 20

    5.1. Climat : 20

    5.2. La structure géologique : 22

    5.3. Les caractéristiques édaphiques et occupation du sol:.. 22

    5.4. Les ressources en eau : 26

    5.5. Le poids économique du gouvernorat de La Manouba : 30

    5.6. Le réseau urbain : 33

Troisième chapitre : lecture paysagère du gouvernorat de La Manouba 38

1. Les fondements des paysages du gouvernorat de La Manouba : 39

    1.1. Un épais socle riche et fertile : 41

    1.2. Une nature géologique variée : 41

2. Les entités paysagères du gouvernorat de La Manouba : 41

2.1. Les systèmes collinaires : 42

2.1. Les plaines : 43

2.2. Le paysage forestier : 45

2.3. Le Paysage de l'eau : 47

2.4. Le paysage urbain : 50

2.5. Le paysage agraire : 59

2.6. Paysage industriel : 67

2.7. Le paysage linéaire: 70

2.8. Paysage archéologique : 75

2.9. Paysage aérien: 76

Quatrième chapitre : la charte paysagère-le projet paysage 79

1. Les directives paysagères : 80

2. Le projet paysage : 81

2.1. Les contraintes paysagères : 81

3.1. Le paysage urbain : 94

3.2. Le paysage agraire : 95

3.3. Le paysage linéaire : 95

3.4. Le paysage de l'eau : 96

3.5. Le paysage industriel : 96

3.6. Le paysage archéologique : 97

4. Les recommandations : 97

4.1. Le paysage urbain : 97

4.2. Le paysage agraire : 100

4.3. Le paysage linéaire : 101

4.4. Le paysage de l'eau : 105

4.5. Le paysage industriel : 107

4.6. Paysage archéologique : 109

Conclusion 110

Epilogue.. 111

Liste des figures... 112

Liste des tableaux... 117

Bibliographie... 118

Webo-graphie.. 120

www.ingramcontent.com/pod-product-compliance
Lightning Source LLC
Chambersburg PA
CBHW021110210326
41598CB00017B/1394